パリティ物理教科書シリーズ

家 泰弘・小野 嘉之・土岐 博
西森 秀稔・細谷 暁夫　編

基礎物理学

太田 信義 著

丸善出版

シリーズ　発刊にあたって

　物理学は，この世界の森羅万象を理解したいという人類の知的営みを象徴するとともに現代文明の基礎をなす学問である．太古から人類は，天体の運行や季節のくり返しに秩序の存在を垣間見る一方，投射された石の軌跡を考え，南北を指す鉱石に首をひねり，虹を愛で，雷におののいたことであろう．物理学の源流は古代ギリシアの哲学者たちにあるが，そこでは形而上学的思弁がもっぱらであった．それらを集大成したアリストテレスの自然哲学体系はアラブやペルシアに受け継がれ，十字軍とイスラムの接触を機にルネッサンス期のヨーロッパに伝えられた．実験・観測に基づく研究という近代物理学の方法論が芽吹いたのはガリレオの時代である．ニュートンによって力学が，ファラデーやマクスウェルによって電磁気学が体系化され，数学的形式も整えられて19世紀後半のケルビン卿の時代に物理学は完成の域に達したかに思われた．しかし19世紀から20世紀への変わり目に一大変革が起こった．それを象徴するのが，アインシュタインの奇跡の年と称される1905年である．この年にアインシュタインは後の量子力学，相対性理論，統計力学へとつながる論文を立て続けに発表した．そこから目覚しい発展を遂げた現代物理学は，人類の自然観・世界観を根本的に変革するものであった．

　一般的な感覚として，「日常的世界の記述には古典物理学で十分であって，量子力学はミクロの世界，相対論は宇宙というように，ごく特殊な条件でのみ必要となる特殊な学問体系である」という印象があるかもしれない．しかしそれはまったく正しくない．コンピュータや携帯電話など現代文明の粋といえる電子機器の動作原理は量子力学によって初めて理解できるものであるし，GPS（ナビゲーション・システム）が精度よく機能するのは相対論的効果をとり入れているがゆえである．また，実験・観測によるデータ収集とその解析，理論モデルの構築，実験と理論の比較による検証というプロセスで進む物理学の研究スタイルは，科学研究における方法論の規範を提示するものであり，その意味に

おいても物理学は現代科学を牽引する役割を果している．

　物理学を学ぶのは「敷居が高い」とよく言われる．たしかにそういう面はある．そもそも大学・大学院で物理学を一通り学ぶために履修すべき科目はたいへん多い．古典物理学の体系だけでも，力学（質点，剛体，弾性体，流体），電磁気学，熱力学，光学などがあり，その先に，量子力学，統計力学，相対論，…と，習得すべき科目が多岐にわたり，しかも研究の最前線はどんどん拡大している．これではいつまで経っても最前線にたどり着けないのではないかという焦燥感に駆られても不思議でない．

　物理学に限らず，学問の習得はつづら折りの山道を登るようなものである．一歩一歩登っているときには見えにくかったものが，峠を越えると視界が開けて全体の景色を俯瞰することができる．そのような俯瞰を経験して，同じ道を再度歩くと以前には気づかなかったものが見えてくる．また別のルートから登ることによって山の地形や道のつながりが把握できてくる．本シリーズはそのような物理の山道の案内書である．物理学の各科目にはすでに多くの教科書が出版されている．その中には名著古典の誉れ高いものも多い．しかし，物理のランドスケープ自体も変化しているし，樹木や道端の草花も変化している．その意味で，比較的最近に山道を登った先達による案内は有用なはずである．本シリーズでは，高校で物理を履修せずに理系学部に入学してくる学生も少なくないという最近の事情や，天文学，地球惑星科学，化学，工学，生命科学，医学，環境科学，情報学，経済学，…などさまざまな分野を専攻する学生にとっての物理の学習という観点も考慮して執筆をお願いした．本シリーズが，初学者には科学の基礎としての物理の理解とともに物理のおもしろさを発見する機会として，すでに物理を学んだ人には別ルートからの散策へのいざないとして役立つことを願っている．

　2010年3月

　　　　　　　　　　　　　　　　　　　　編集委員長　　家　泰弘

はじめに

　パリティ物理学コースの1冊として「一般物理学」が刊行されて20年近くがたとうとしています．幸い読者の好評を得て版を重ねることができたことに感謝しています．このたび新しいシリーズとして刊行することになり，内容を見直して改訂することにしました．基本的には，内容を力学と相対性理論に限り，例題と練習問題その他の説明を拡充しました．また高校で扱っていない微分方程式の解法と流体の力学をつけ加えました．

　高校までの物理では，微分方程式や積分などの数学的道具を使ってはいけないという制約がつけられているために，たくさんの法則を天下り的に覚える必要が生じ，物理は暗記物という誤った考え，アレルギーを生じています．この本では，数学の手法を使うことを恐れない，しかしそれが必要になったときにはその都度説明するというやり方をとりました．こうすれば物理というのが，実に単純な世界であるということがわかってもらえると思うのです．それと同時に数学についても，こんなに役に立つのかという実感をもって学べることになります．また，この本ではできるだけそこで扱っている内容が，実生活のどんなところで起こるのかということに触れるようにしました．例えば，速度に依存した抵抗の話では，雨が降ってくるというところにその顕著な例があるので，それに基づいて話を進めます．こうすれば興味をもちながら勉強することができるでしょう．

　本書では各章に多くの例題，その終わりにはそこでやったことに関連した問題を用意しておきました．この中には多少難しいものや易しいものやいろいろなものがあります．難しいなと思ったら自力で解く必要はありません．だけど本書を読むときには必ず紙と鉛筆を用意してこれらの問題を，答を見てもよいから自分で書いてみてください．ただし答を見て解き方がわかったなら，必ず答を見ないで自分で問題を解いてみてください．その際に，なぜそうなるのかを十分に納得してください．そうすれば，たとえ自力で問題を解かなかったと

しても必ず物理が身につくものなのです．だまされたと思ってやってみてください．問題だけでなく，本文の説明についてもやってみてください．

　本書では，主に力学と相対性理論についての基礎的なことをまとめてあります．その内容はかなりたくさんあると思います．しかしその内容をすべて暗記する必要はないのです．実際私もこれらをすべて覚えていないし，覚えても無意味だと思っています．物理で大事なことは，基本的なものがあって，それからすべて導けるところにあります．キーワードは何であるのか，そこのところを徹底的に頭にたたきこんでください．また内容はできるだけきちんと説明することを心がけました．すべての結果がどうして得られるのかを示しておいたので，労を惜しまず筋を追って行けば必ず理解できるように書いたつもりです．

　まず第 1～7 章では力学を取り扱います．ここでのキーワードは運動方程式です．すべての法則がそれを基本として導けます．第 8 章は流体の力学，第 9 章では相対論を扱います．それぞれの節，章を読み終えたらいったいいま読んだところは何がキーワードなのかを一度ふり返って考えてみる習慣をつけると，物理というものが見えてくるでしょう．

　本書を読まれた諸君が，物理ってたしかにおもしろそうだわいと思ってくれたらたいへんうれしく思います．そしてさらに進んだ勉強をしてくれる気になったら，これを書いた甲斐があります．そんなときに参考になるように，さらに進んだ教科書を少しだけ本書の最後につけておきました．何度もいいますが，物理というのは決して難しくないはずのものです．簡単なものを目指しているのです．その簡単な規則から日常の生活，それどころかとても予想もしなかったようなことがあるはずだということさえ教えてくれることもあるのです．物理がどんなにおもしろいか，そのことをできるだけ多くの人たちが感じてくれることを望んでいます．しかし，そのためには労を惜しんではいけません．さあ，紙と鉛筆を用意して出発してみてください．

　　2011 年 3 月

　　　　　　　　　　　　　　　　　　　　　　　　　　　　　　太　田　信　義

目　　　次

1　力，位置，速度，加速度 ────────────────── 1
　1.1　ベクトルとしての力　　　　　　　　　　　　　　　1
　1.2　位置とベクトル　　　　　　　　　　　　　　　　　5
　1.3　速度と加速度　　　　　　　　　　　　　　　　　　9
　1.4　ベクトル変数による微分　　　　　　　　　　　　12
　1.5　まとめ　　　　　　　　　　　　　　　　　　　　15
　　問　　題　　　　　　　　　　　　　　　　　　　　　15

2　運動の法則 ────────────────────── 17
　2.1　運動の第1法則　　　　　　　　　　　　　　　　　17
　2.2　運動の第2法則　　　　　　　　　　　　　　　　　18
　2.3　運動の第3法則　　　　　　　　　　　　　　　　　20
　2.4　微分方程式の解法　　　　　　　　　　　　　　　21
　2.5　重力と放物運動（大砲のたま）　　　　　　　　　23
　2.6　速度による抵抗（雨滴）　　　　　　　　　　　　25
　2.7　束縛運動（ジェットコースター）　　　　　　　　28
　2.8　単振り子　　　　　　　　　　　　　　　　　　　30
　　問　　題　　　　　　　　　　　　　　　　　　　　　32

3　運動方程式の積分 ─────────────────── 35
　3.1　運動量と力積　　　　　　　　　　　　　　　　　35
　3.2　角運動量と力のモーメント　　　　　　　　　　　37
　3.3　エネルギーと仕事　　　　　　　　　　　　　　　38
　3.4　保存力とポテンシャル　　　　　　　　　　　　　40
　3.5　場としてのポテンシャル　　　　　　　　　　　　43

	3.6	力学的エネルギー保存則	45
	3.7	1次元の運動	47
	3.8	摩擦力	49
	3.9	まとめ	50
	問　題		50

4 振動と波動 — 53

	4.1	単振動	53
	4.2	減衰振動（自動ドア）	55
	4.3	強制振動（地震）	57
	4.4	連成振動	59
	4.5	波動	62
	問　題		68

5 運動座標系 — 71

	5.1	慣性力	71
	5.2	回転座標系	73
	5.3	フーコー振り子	76
	5.4	潮汐力	79
	問　題		84

6 質点系の力学 — 85

	6.1	質点系の保存則	85
	6.2	玉突の力学	87
	6.3	重心座標系	88
	6.4	質点系の力学的エネルギー	90
	6.5	二体問題	91
	6.6	惑星の運動	93
	6.7	ラザフォード散乱	101
	6.8	重心系と実験室系	104
	6.9	質量が変化する物体の運動（ロケット）	105
	問　題		107

7 剛体の力学 —————————————————— 109
- 7.1 剛体の運動方程式とつりあい　109
- 7.2 固定軸をもつ剛体の運動と角運動量　110
- 7.3 慣性モーメント　112
- 7.4 剛体の平面運動（ヨーヨーの運動）とエネルギー　117
- 7.5 撃力　124
- 7.6 剛体の回転運動　125
- 7.7 剛体の自由回転　131
- 問　題　135

8 流体の力学 —————————————————— 139
- 8.1 流体　139
- 8.2 流体の静力学　140
- 8.3 表面張力　141
- 8.4 定常流　145
- 8.5 粘性流体　148
- 8.6 渦　150
- 問　題　152

9 相対性理論 —————————————————— 155
- 9.1 エーテル仮説の破綻　155
- 9.2 相対性原理と同時刻という概念　156
- 9.3 ローレンツ変換　158
- 9.4 同時刻, ローレンツ短縮, 時計の遅れおよびドップラー効果　161
- 9.5 相対論のパラドックス　164
- 9.6 電磁場の方程式と力学の方程式　167
- 9.7 一般相対性理論　175
- 問　題　178

付録A ベクトル解析と積分定理 —————————————————— 181
- A.1 ベクトル解析　181
- A.2 ガウスの定理とベクトルの発散　183
- A.3 ストークスの定理とベクトルの回転　185

問　　題 　　　　　　　　　　　　　　　　187

章末問題解答 ──────────────────189

参　考　書 ──────────────────203

索　　引 ──────────────────205

1 力, 位置, 速度, 加速度

　物理学の話をしようとすると, どうしても力学から始めないわけにはいかない. それは単に力学が最初につくられた物理学だからというだけではなく, 力学でつくられたエネルギーなど多くの概念や手法が, ほかの物理学でもたいへん重要な役割を果しているためである. そこでまず力学を学ぶことから始めよう. ここでは, まず力学という名前に現れる力というものがどんなものかから始めて, 力学を学ぶために必要な位置, 速度, 加速度について, ベクトルによる記述の仕方を説明しよう.

　この章は力学を学ぶための準備であり, 多少数学的でつまらないと思う読者が多いと思う. しかし何の道具もなしで物理学を学ぶことはできないので, ここはがまんしてやるしかない. ここで最小限学んでおく必要があるのは, 1.2 節と 1.3 節であり, 1.1 節, 1.4 節は最初に勉強するときは省略してもよい. 後で必要になったときは, そこで参照するように配慮しておいた.

1.1　ベクトルとしての力

　力学の目的は, 力が与えられたときに任意の物体の位置を時間の関数として与えることにある. しかし実際の物体には大きさがあり, さまざまな形をしているので, 図 1.1(a) に示した自動車のように, その運動は単なる位置の移動だけではなく, 方向の変化や回転などの複雑な運動を含んでいる. それで単純に物体の位置を指定しただけではだめで, その方向や回転の速さなども与えなければいけないという複雑なことになる. 最初からそれをやるのは難しいので, 手始めに, 小さな点と見なせる物体で回転は無視できる場合の運動を考えることにしよう. このような, 重さだけをもち, 大きさのない点のことを, **質点**とよぶ. さらに簡単な場合から始めることにして, このような質点が一つしかない場合 (図 1.1(b)) を考える. 質点がたくさんある場合 (これを**質点系**という)

2   1 力，位置，速度，加速度

図 1.1　(a) いろいろな運動，(b) 質点，質点系および剛体

や，大きさをもつが変形をしない物体 (**剛体**) をどのように扱うかは，後の 6, 7 章で学ぶことにする．

　質点は，力を受ければ運動する．これは日常生活でよく体験しているが，普段の生活では一人で物を押しても動かないことがある．そういうときは誰かほかの人をよんで来て手伝ってもらえば，動かすことができる．こんなときにその物体に働く力はどうなっているのだろうか？これは私たちの身のまわりではいつでもあることなので，このような異なる二つ以上の力の協力の法則に興味がもたれて，それが発見されたのはなんとなくとても大昔のことのような気がするかもしれない．とんでもない，それは 16 世紀末という驚くほど新しいときのことなのである．その法則はステヴィン (S. Stevin) という人により明らかにされた．それは実に巧妙な方法なので，物理学の事始めとしてそれをまず紹介することにしよう．それにより，**力がベクトルである**ことが立証されたのである．

　その方法は 2 段階から成っている．まず異なる方向を向いている力のつりあいが成り立つのは，どういう場合かを考える．次にそれを使って，二つの力とつりあう力を求めるのだ．

　まず第 1 段として，図 1.2(a) のような直角三角形の柱に，曲がりやすい密度が一様の鎖の輪をかけたと考えよう．この鎖が滑って回るとすると，永久運動が起こることになっておかしいから，つりあって静止するはずである．三角柱に触れていない部分は左右対称だから，その部分を取り除いてもつりあいは破れないはずだ．そうすると，鎖に働く重力 (＝質量 × 重力加速度の大きさ) と長さは比例しているから，この残りがつりあうための条件として

$$\frac{\text{斜面の鎖に働く重力}}{\text{鉛直に垂れた鎖に働く重力}} = \frac{\text{斜面の長さ}}{\text{鉛直面の長さ}} \tag{1.1}$$

を得る．斜面上の鎖には，ずり落ちないために斜面上方への力と，自分自身の

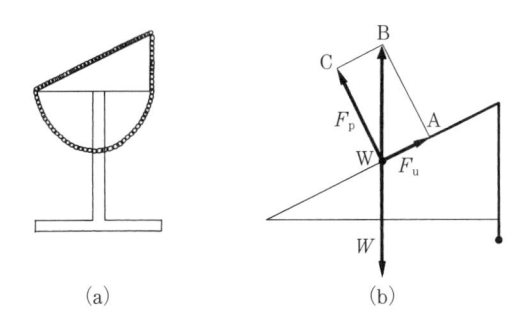

図 1.2　ステヴィンの鎖と力のつりあい

重さによる重力，および斜面からの垂直抗力が加わっている．このうち前二者の関係がこれでわかったことになる．

さて，図 1.2(b) に示したように二つのおもりが糸で結ばれ三角柱にかけられつりあっているとしよう．いま，斜面の上のおもり W に別の糸をつけて斜面に垂直に引いて，斜面に力がかからないようにする．こうしても斜面からの力を糸で代用しただけなので，つりあいが破れることはない．つまり，W に働いている力は，図 1.2(b) に示した次の三つでつりあっている．

(1) おもり W に働く重力 W，
(2) 斜面に沿って W を引き上げている力 F_u，
(3) 斜面に垂直に W を引く力 F_p．

ここで，上に考えた鎖の関係が生きてくる．つまり，いまは斜面に乗っているのがおもりだと思っていたが，それが鎖であっても力がつりあうことには変わりがないはずだ．だから，つりあい条件 (1.1) により

$$\frac{W}{F_u} = \frac{斜面の長さ}{鉛直面の長さ} \tag{1.2}$$

が成り立つはずだ．つまり，力の大きさと線の長さが比例していることがわかったから，力の大きさを線の長さで表すのが便利だ．そこで図 1.2(b) に示したように，W から鉛直上方に線分 WB を引き，B から斜面に垂線を下ろした点を A，B から斜面に垂直な糸に下ろした点を C としよう．元の三角柱の断面と直角三角形 ABW は相似だから，式 (1.2) は WB/WA に等しい．同様に，F_p と F_u の立場を変えて，図の斜面に垂直な糸を含む面をもつ三角柱と三角形を考えて同じことをくり返せば，

$$\frac{W}{F_p} = \frac{\text{WB}}{\text{WC}} \tag{1.3}$$

が得られる．これは自分でやってみよう．

図 1.2(b) の WB が W の大きさを表すようにすれば，F_u は式 (1.2) により WA，F_p は式 (1.3) により WC となり，それらを加えたものが W とつりあうのだから，WB と同じになる．そのときに力の向きも考えて図のように矢印で表しておけば，力 F_u と F_p と同じ働きをする力，すなわちそれらを合成した力 WB を求めることができたわけである．

この考えは実に巧妙だ．結果はなんとなく直感的に知っていたであろうが，このような法則がなかなかちゃんと証明されなかったのもうなずけるだろう．

このように大きさと方向をもつものを**ベクトル**といい，矢印で表す．文字で書くときは，本書では太文字 $\boldsymbol{A}, \boldsymbol{B}$ 等で表すことにする[*1]．物理学では，これ以外に質量のように大きさだけしかもたないものがあり，**スカラー**とよばれている．ベクトルの大きさは，同じ文字の細字で表す．これはスカラーである．

図 1.3(a) に示したように二つのベクトル $\boldsymbol{A}$ と $\boldsymbol{B}$ を加えると，またベクトルになる．これを $\boldsymbol{A} + \boldsymbol{B} = \boldsymbol{C}$ と書いて**ベクトルの和**という．先に力についてこれが成り立つことを見た．作図としては，$\boldsymbol{A}$ と $\boldsymbol{B}$ のつくる平行四辺形によってつくれるので，**平行四辺形の法則**ともいう．先に求めた力の合成の法則から，平行四辺形の法則が導かれることは，問題 1.1 を参照せよ．これに対し，$\boldsymbol{A} = \boldsymbol{C} - \boldsymbol{B}$ をベクトル $\boldsymbol{C}$ と $\boldsymbol{B}$ の差という．

ベクトルの典型的なものは，質点の位置である．次にこれについて考えよう．

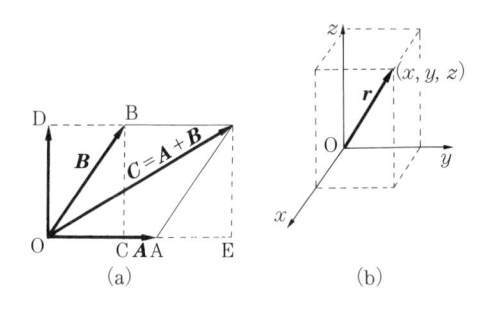

図 1.3　(a) 平行四辺形の法則，(b) 座標と位置ベクトル

[*1] 文字の上に矢印をつけて表す方法もあるが，本書では使わない．

1.2 位置とベクトル

質点の運動を記述するには質点の位置を表す方法を決めなければならない．それには，座標系とよばれる目盛のようなものを空間の中にはりめぐらしておけばよい．これは京都市街の住所を表すやり方と似ている．図 1.4(a) に示したように，京都では東西に一条，二条などの通りがあり，南北に河原町通り，烏丸通りなどがある．ここで四条河原町といえば，四条通りと河原町通りの交わるところというふうに場所がわかるようになっている．それと同じように，道路の代わりに縦横高さ方向に目盛をつけておけば，位置がきちんと指定できるわけだ．これを**座標系**といい，ふつうはそのような座標系として，それらが互いに垂直になっている直交座標系をとる[*2]．京都の道路はこの一種といってよい．われわれが住んでいる空間は縦横高さと 3 方向あるので，それに応じて座標が三つ必要で，それを (x, y, z) と書く（図 1.3(b)）．

質点の位置を表すのに，いちいち (x, y, z) と書く必要はない．その位置は図 1.3(b) に示したように，原点 O を始点とするベクトル r で表せるからだ．これ

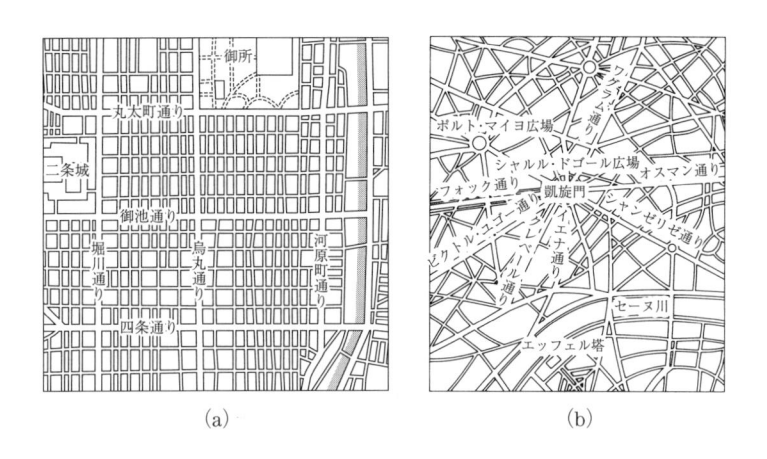

図 **1.4** 京都市街とパリ市街

[*2] 座標系としては，必ずしも目盛がまっすぐに並んでいるものをとらなくてもよい．後で出てくる極座標は，原点からの距離と角度で場所を指定する．この場合，半径一定の円周上では，目盛は円状につけてある．問題によっては，この極座標や，座標目盛が直交していない斜交座標系のほうが便利なこともある（例えばパリの凱旋門では，まわりに放射状に道路が出ているので極座標が便利（図 1.4(b)））．必要なことは，位置が一通りに指定できることだ．

を**位置ベクトル**という．その直交座標成分は，(x, y, z) になっている．位置ベクトルの大きさは $|\bm{r}| \equiv r = \sqrt{x^2+y^2+z^2}$ である（$\equiv$ の記号は定義するという意味だ）．これがすでに述べた合成則を満たしていることは明らかであろう．以下では，それ以外のベクトルの性質をまとめておこう．

ベクトルの和は，次の交換則と結合則を満たす．

$$\begin{aligned}\bm{A} + \bm{B} &= \bm{B} + \bm{A} \\ (\bm{A}+\bm{B})+\bm{C} &= \bm{A}+(\bm{B}+\bm{C})\end{aligned} \tag{1.4}$$

これは図 1.3(a) の合成則を使ってみればただちにわかる．ベクトル $\bm{A}$ とスカラー n の積 $n\bm{A}$ は，$\bm{A}$ の $|n|$ 倍の大きさで n の正負により方向が同じか反対のベクトルとする．これとベクトルの和により，ベクトルの差を定義することもでき，それがすでに定義したものと一致することは明らかだろう．

$\bm{A}$ と同じ方向で大きさが 1 のベクトルを単位ベクトル $\bm{e}_A$ と書く．特に，x, y, z 軸方向の単位ベクトル $\bm{e}_x, \bm{e}_y, \bm{e}_z$ は有用である（図 1.5(a)）．

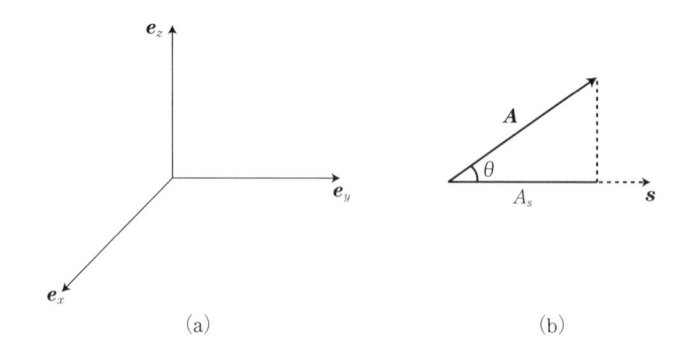

図 1.5　(a) 単位ベクトル，(b) ベクトル $\bm{A}$ の $\bm{s}$ 方向成分

$\bm{A}$ をそれと角 θ をなす方向 $\bm{s}$ に射影したものを，$\bm{A}$ の $\bm{s}$ **方向成分**といい，方向を添字として A_s と書く（図 1.5(b)）．すなわち

$$A_s = A\cos\theta \tag{1.5}$$

である．ここで，ベクトルの大きさは同じ文字の細字を使う約束だったことを思い出そう．また，直交座標での成分は，(A_x, A_y, A_z) のように添字をつけて表す．これを使えば，元のベクトルは

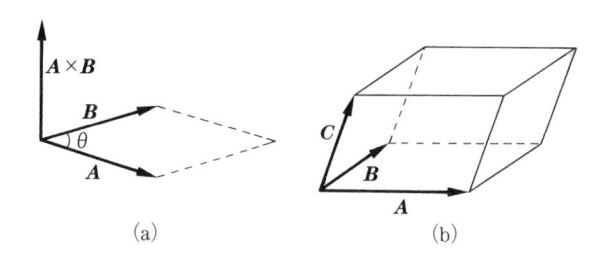

図 1.6　(a) ベクトルのスカラー積とベクトル積, (b) ベクトルのつくる平行六面体

$$A = A_x e_x + A_y e_y + A_z e_z \tag{1.6}$$

とも書ける．ベクトルの和の成分は，それぞれの成分の和になることは明らかであろう．

　ベクトルの和以外に重要なものは，積である．それには 2 種類ある．一つは**スカラー積** (内積) $A \cdot B$ であり

$$A \cdot B = AB \cos\theta \tag{1.7}$$

スカラー量になる．ここで，θ は図 1.6(a) に示したように，A と B のなす角である．これはベクトル A の大きさにベクトル B の A 方向成分を掛けたものになっている．特にベクトル A, B が直交するときは 0 になることに注意しよう．さて明らかに

$$e_i \cdot e_j = \delta_{ij} \qquad (i, j = x, y, z) \tag{1.8}$$

が成り立つ．ここで，δ_{ij} は，**クロネッカーのデルタ**とよばれる量で，添字が一致するときだけ 1，それ以外で 0 になるものである．この記号がなんとなくいやな人に式 (1.8) の意味を説明しておくと

$$e_x \cdot e_x = e_y \cdot e_y = e_z \cdot e_z = 1 \tag{1.9}$$

これ以外の組合せは，0 になるということである．こういわれれば，式 (1.8) の方が簡単に書けてよいと同意してもらえないだろうか？定義から明らかに

$$\begin{aligned} A \cdot A = A^2, \quad A \cdot B = B \cdot A \\ A \cdot (B + C) = A \cdot B + A \cdot C \end{aligned} \tag{1.10}$$

等がわかる．式 (1.6) と式 (1.8) を使えば

$$\boldsymbol{A} \cdot \boldsymbol{B} = A_x B_x + A_y B_y + A_z B_z \tag{1.11}$$

となることがわかる（問題 1.2 参照）．

$\boldsymbol{A}$ と $\boldsymbol{B}$ のもう一つの積は**ベクトル積**（外積）とよばれる．図 1.6(a) の二つのベクトル $\boldsymbol{A}$ と $\boldsymbol{B}$ のベクトル積 $\boldsymbol{A} \times \boldsymbol{B}$ は，その二つのベクトルのつくる平行四辺形の面積 $AB\sin\theta$ の大きさをもち，$\boldsymbol{A}$ と $\boldsymbol{B}$ の決める平面に垂直で，$\boldsymbol{A}$ から $\boldsymbol{B}$ に右ねじを回すとき進む方向のベクトルである[*3]．図 1.5(a) から明らかなように，

$$\boldsymbol{e}_x \times \boldsymbol{e}_y = \boldsymbol{e}_z, \quad \boldsymbol{e}_y \times \boldsymbol{e}_z = \boldsymbol{e}_x, \quad \boldsymbol{e}_z \times \boldsymbol{e}_x = \boldsymbol{e}_y \tag{1.12}$$

その他の積は 0 になる．

ベクトル積の性質として

$$\begin{aligned}&\boldsymbol{A} \times \boldsymbol{B} = -\boldsymbol{B} \times \boldsymbol{A}, \quad \boldsymbol{A} \times \boldsymbol{A} = 0 \\ &\boldsymbol{A} \times (\boldsymbol{B}+\boldsymbol{C}) = \boldsymbol{A} \times \boldsymbol{B} + \boldsymbol{A} \times \boldsymbol{C}\end{aligned} \tag{1.13}$$

が成り立つ．定義から明らかに，同じベクトルでなくても，ベクトル $\boldsymbol{A}$ と $\boldsymbol{B}$ が平行ならば，$\theta = 0$ だからそのベクトル積は 0 になる．

成分で書くと，式 (1.6) と式 (1.12) を用いて

$$\begin{aligned}\boldsymbol{A} \times \boldsymbol{B} = (A_y B_z - A_z B_y)\boldsymbol{e}_x + (A_z B_x - A_x B_z)\boldsymbol{e}_y \\ + (A_x B_y - A_y B_x)\boldsymbol{e}_z\end{aligned} \tag{1.14}$$

が求まる（問題 1.3 参照）．これを全部覚える必要はない．x 成分は $\boldsymbol{A}$ の y 成分と $\boldsymbol{B}$ の z 成分を掛けたものから，それらの入れ替えを引いたものになっていることだけ覚えて，次の成分は $x \to y \to z \to x$ と順番に回せば求められることを覚えておこう．これを**輪環の順**という．

また $\boldsymbol{A} \cdot (\boldsymbol{B} \times \boldsymbol{C})$ は図 1.6(b) のような平行六面体の体積になっているから，それを順に回しても同じで

[*3] ベクトル積を直感的にとらえるには，例えばてこの原理のときに出てくる支点からの距離と力の大きさの積を考えるとよい．力がてこに垂直にかかっていないときは，垂直成分だけが問題となることは知っている．これがちょうどベクトル積の大きさになっていることがわかろう．後でやるように，これは力のモーメントとよばれる量である．

$$A \cdot (B \times C) = B \cdot (C \times A) = C \cdot (A \times B) \tag{1.15}$$

が成り立つ (問題 1.4 参照).

　二つのベクトルの積には 2 種類あることに, くれぐれも注意してほしい. 二つのベクトルの間に · を入れるか × を入れるかは, まったく違う意味をもっている. 読者は笑うかもしれないが, 筆者の体験では考えているのがベクトルなのかスカラーなのか, その積はどちらの意味なのかさえ考えていない人が非常に多いので, 唖然としたことがある.

　位置をベクトルで表すようになったのは, 比較的新しく 19 世紀以降のようである. いちいち成分ごとに書く必要がないので便利だと思うが, これでかえってわかりにくいと思う読者もいるかもしれない. 慣れればこちらの方がはるかに便利なので, 早く慣れてほしいものだ.

1.3　速度と加速度

　原点から測った質点 P の位置ベクトル r は, 時間の関数になっている. この点の運動を追いかけるには, 微小時間 Δt 後の点の位置がわかればよい. いま, **速度 v** を極限

$$v = \lim_{\Delta t \to 0} \frac{r(t + \Delta t) - r(t)}{\Delta t} \tag{1.16}$$

で定義しよう. これがつぎつぎとわかれば, 有限時間後の質点の位置がわかる. 図 1.7(a) に示したように, 質点が運動している曲線を書いてみれば, これが点 P における接線の方向を向いたベクトルになっていることがわかろう. これを微分の記号により, 時間による**微分**

$$v = \frac{dr(t)}{dt} \tag{1.17}$$

と書く. 面倒なので時間による微分は · で表すこともある. つまり式 (1.17) は $\dot{r}$ とも書く. これはニュートンが用いた記号である.

　ここでベクトルの微分というものが出てきたので, これを説明しておこう. まずふつうの関数 $f(x)$ の微分は

$$\lim_{\Delta x \to 0} \frac{f(x + \Delta x) - f(x)}{\Delta x} \tag{1.18}$$

で定義されている. 例えば x^n では

10　1　力，位置，速度，加速度

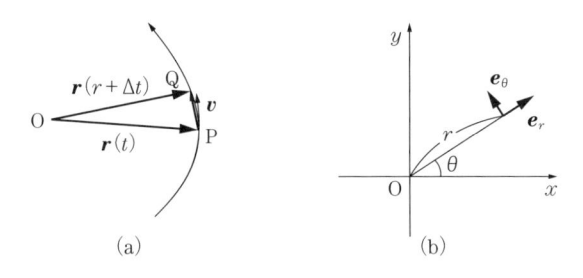

図 1.7　(a) 速度，(b) 極座標

$$\lim_{\Delta x \to 0} \left[\frac{(x+\Delta x)^n - x^n}{\Delta x} \right] = \lim_{\Delta x \to 0} \left[nx^{n-1} + \frac{n(n-1)}{2} x^{n-2} \Delta x + \cdots \right]$$
$$= nx^{n-1} \tag{1.19}$$

となる．式 (1.16) はこれと同じことをベクトルの各成分でやって，それを各成分にもつベクトルをつくりなさいということだ．

ここで強調しておきたいのは，**微分は割り算**だということである．だから式 (1.17) の速度はベクトルをスカラーで割ったもので，ベクトルになっており，**速度ベクトル**とよばれる．またそのために，r が t の関数の $f(t)$ にだけ依存しているときは，$\dot{r} = (\mathrm{d}r/\mathrm{d}f)(\mathrm{d}f/\mathrm{d}t)$ というチェーン則が成り立つ．くり返すが，微分は割り算なのだ．速度の大きさを速さという．

微分の約束により（m はスカラー量，A, B はベクトルとして）

$$\frac{\mathrm{d}}{\mathrm{d}t}(mA) = \frac{\mathrm{d}m}{\mathrm{d}t} A + m \frac{\mathrm{d}A}{\mathrm{d}t} \tag{1.20}$$

$$\frac{\mathrm{d}}{\mathrm{d}t}(A \cdot B) = \frac{\mathrm{d}A}{\mathrm{d}t} \cdot B + A \cdot \frac{\mathrm{d}B}{\mathrm{d}t} \tag{1.21}$$

$$\frac{\mathrm{d}}{\mathrm{d}t}(A \times B) = \frac{\mathrm{d}A}{\mathrm{d}t} \times B + A \times \frac{\mathrm{d}B}{\mathrm{d}t} \tag{1.22}$$

となる．これらは式 (1.16) の定義に立ち返って証明すればよいが，成分でやってみればただちにわかるので，ここでいちいち証明するのは省略しよう．

ある時間での速度が与えられれば，微小時間後の位置が決まるから，これで力学の問題はすべて解決するのだろうか？　ところが，話はそう簡単ではない．さらに微小時間後の速度もわからなければ，それから先に進めないからだ．さらに先に進むには速度をもう一度時間で微分した**加速度**

$$\boldsymbol{\alpha} = \frac{\mathrm{d}^2 \boldsymbol{r}}{\mathrm{d}t^2} = \ddot{\boldsymbol{r}} \tag{1.23}$$

がわかればよい．次章で見るように，これが運動の法則で与えられ，それによりつぎつぎと速度，それから加速度が決まって力学の問題が解けるのである．もちろん，言うは易し行うは難しなので，これからどのようにこれをやるかを学ぶわけだ．

運動が 2 次元平面内で起こっている場合は，図 1.7(b) に示した**極座標**を使うのが便利だ．これは位置を原点からの距離 r と，ある軸（ここでは x 軸）からの角度 θ で表すものである．ただし $r = \sqrt{x^2 + y^2}$ である．3 次元も同じような書き方があるが，区別できるように**球座標**とよぶ．その場合は r 以外に二つの角度を使う．図 1.7 (b) から単位ベクトルのあいだには

$$\begin{aligned}
\boldsymbol{e}_r &= \boldsymbol{e}_x \cos\theta + \boldsymbol{e}_y \sin\theta \\
\boldsymbol{e}_\theta &= -\boldsymbol{e}_x \sin\theta + \boldsymbol{e}_y \cos\theta
\end{aligned} \tag{1.24}$$

の関係があることがわかる．ここで $\boldsymbol{e}_x$ と $\boldsymbol{e}_y$ は固定した座標系のもので，時間によらないとしている．一方 θ は時間によるので，式 (1.24) を時間で微分すると，

$$\begin{aligned}
\dot{\boldsymbol{e}}_r &= -\boldsymbol{e}_x \sin\theta\, \dot{\theta} + \boldsymbol{e}_y \cos\theta\, \dot{\theta} = \dot{\theta} \boldsymbol{e}_\theta \\
\dot{\boldsymbol{e}}_\theta &= -\boldsymbol{e}_x \cos\theta\, \dot{\theta} - \boldsymbol{e}_y \sin\theta\, \dot{\theta} = -\dot{\theta} \boldsymbol{e}_r
\end{aligned} \tag{1.25}$$

が得られる．この式は，各単位ベクトルが $\dot{\theta}$ だけ首を振ることを示している．したがって，$\boldsymbol{r} = r\boldsymbol{e}_r$ を時間で微分して，式 (1.25) を用いれば

$$\begin{aligned}
\boldsymbol{v} &= \dot{\boldsymbol{r}} = \dot{r}\boldsymbol{e}_r + r\dot{\boldsymbol{e}}_r \\
&= \dot{r}\boldsymbol{e}_r + r\dot{\theta}\boldsymbol{e}_\theta \\
\boldsymbol{\alpha} &= \ddot{\boldsymbol{r}} = \ddot{r}\boldsymbol{e}_r + \dot{r}\dot{\boldsymbol{e}}_r + \dot{r}\dot{\theta}\boldsymbol{e}_\theta + r\ddot{\theta}\boldsymbol{e}_\theta + r\dot{\theta}\dot{\boldsymbol{e}}_\theta \\
&= (\ddot{r} - r\dot{\theta}^2)\boldsymbol{e}_r + (2\dot{r}\dot{\theta} + r\ddot{\theta})\boldsymbol{e}_\theta
\end{aligned} \tag{1.26}$$

を得る．

特に質点が一定半径で一定角速度の円運動をしているときは，角速度を $\dot{\theta} = \omega$，動径の長さ a として，速度と加速度はそれぞれ

$$\begin{aligned}
\boldsymbol{v} &= a\omega \boldsymbol{e}_\theta \\
\boldsymbol{\alpha} &= -a\omega^2 \boldsymbol{e}_r
\end{aligned} \tag{1.27}$$

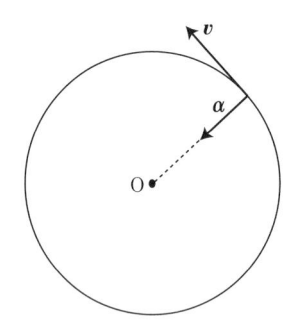

図 1.8 円運動

となる．速度は円周方向に，加速度は原点方向に向いている（図 1.8）．

微分の反対が積分とよばれるものだ．例えば一定速さ $v = v_0$ で動く質点の移動距離は，速さに時間をかけて $x = v_0 t + x_0$ となる．もし速さが時間とともに変わっていれば，各瞬間の速さに微小時間をかけて加えて，微小時間の数を増やすとともに小さくした極限

$$x(t) = \sum_{t'=t_0}^{t'=t} v(t') \Delta t' \Rightarrow \int_{t_0}^{t} v(t') \mathrm{d}t' \tag{1.28}$$

が移動距離を与える．これを**積分**という．この定義はまさに微分 (1.18) の逆になっていることがわかろう．すなわちこうして定義した $x(t)$ は

$$\frac{\mathrm{d}x}{\mathrm{d}t} = v(t) \tag{1.29}$$

を満たす．これは積分の中味がベクトルであっても，同じように各成分に対して定義する．特に $\mathrm{d}\boldsymbol{r}/\mathrm{d}t = \boldsymbol{v}$ ならば，

$$\int_{t_1}^{t_2} \boldsymbol{v} \mathrm{d}t = \boldsymbol{r}(t_2) - \boldsymbol{r}(t_1) \tag{1.30}$$

となることに注意しよう．

1.4　ベクトル変数による微分

後で必要になるので，時間による微分だけでなく座標による微分も考えておこう．それもベクトルによる表記のほうが便利である．ではいったいベクトル

1.4 ベクトル変数による微分

r による微分とは何だろう？ それはスカラーに作用したとき，ベクトルになるはずだ．そこでそれぞれの成分がそちらの方向のベクトルになるような微分を考えればよいだろう．それは次の微分ベクトルで与えられる．

$$\begin{aligned}\boldsymbol{\nabla} &= \left(\frac{\partial}{\partial x}, \frac{\partial}{\partial y}, \frac{\partial}{\partial z}\right) \\ &= \boldsymbol{e}_x \frac{\partial}{\partial x} + \boldsymbol{e}_y \frac{\partial}{\partial y} + \boldsymbol{e}_z \frac{\partial}{\partial z}\end{aligned} \tag{1.31}$$

これは**ナブラ**とよばれる．アッシリアの竪琴ナブラの形に似ているので，その名前がついたそうである．

ここで微分を"かたい微分" d/dx ではなく"やわらかい微分" $\partial/\partial x$ で書いたのは，これが作用する関数は x だけの関数ではなく x, y, z という三つの独立変数の関数だからである．これを**偏微分**といい，ほかの変数は定数と見なして x だけで微分することを意味する．例えば

$$\frac{\partial}{\partial x}(x^2 + y^2 + z^2) = 2x \tag{1.32}$$

である．

ナブラの意味は，それを具体的にいろいろな量に作用させたときを調べてみればわかる．ナブラがスカラー量に作用すると，ベクトルになる．

$$\nabla \phi = \left(\frac{\partial \phi}{\partial x}, \frac{\partial \phi}{\partial y}, \frac{\partial \phi}{\partial z}\right) \tag{1.33}$$

これを，**勾配**または**グラディエント**という．ϕ のそれぞれの方向への傾きを表しているからである．例えば，$\phi(x, y, z) = x^2$ という関数を考えてみよう．これは y, z がどんな値でも x が同じなら同じ値をとり，そちらには傾いていない．これにナブラを作用させると $\nabla \phi = (2x, 0, 0)$ となって，確かに y, z 方向には傾いておらず，ϕ の増大する方向に向いていることがわかる（図 1.9）．

ナブラはベクトルなので，ベクトルに作用するにはいくつかの仕方がある．スカラー積

$$\nabla \cdot \boldsymbol{A} = \frac{\partial A_x}{\partial x} + \frac{\partial A_y}{\partial y} + \frac{\partial A_z}{\partial z} \tag{1.34}$$

はベクトル $\boldsymbol{A}$ の**発散**とよばれる．div $\boldsymbol{A}$ と書く人もいるが，何のことかわかりにくいので本書では使わない．ときどき $\boldsymbol{A} \cdot \nabla$ と書く人がいるが，∇ は演算子なのでそれが作用する $\boldsymbol{A}$ の後に書くのでは意味がないので注意すること．

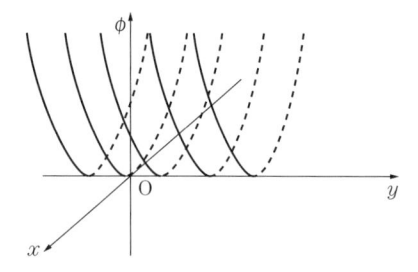

図 1.9　ϕ の傾き

ベクトル積

$$\nabla \times \boldsymbol{A} = \left(\frac{\partial A_z}{\partial y} - \frac{\partial A_y}{\partial z}, \frac{\partial A_x}{\partial z} - \frac{\partial A_z}{\partial x}, \frac{\partial A_y}{\partial x} - \frac{\partial A_x}{\partial y} \right) \tag{1.35}$$

はベクトルになっていて，**回転（ローテーション）**とよばれる．rot $\boldsymbol{A}$ とか curl $\boldsymbol{A}$ と書く人もいる．しかしナブラによる書き方のほうがベクトル積を知っていればすぐに書けるので，優れていると思う．

例としてベクトル $\boldsymbol{a} = (-y, x, 0)$ にナブラを作用させてみよう．これは図 1.10 に示したように，原点から伸ばした方向 $\boldsymbol{b} = (x, y, 0)$ と直交するベクトルで，反時計回りに巻いている渦のようになっている．これにナブラを作用させると

$$\begin{aligned} \nabla \cdot \boldsymbol{a} &= 0 \\ \nabla \times \boldsymbol{a} &= (0, 0, +2) \end{aligned} \tag{1.36}$$

このように発散は回転しているだけのベクトルにはなく，回転は回転している成分があることを教えてくれる量になっている．もっと詳しくいうと，渦の巻いている面内で渦と同じ向きに右ねじを回したとき進む方向のベクトルを与える．

これに対して原点から伸ばした方向ベクトル $\boldsymbol{b}$ の場合は

$$\begin{aligned} \nabla \cdot \boldsymbol{b} &= 2 \\ \nabla \times \boldsymbol{b} &= 0 \end{aligned} \tag{1.37}$$

となる．つまり発散は内部からサボテンの針のように外向きに出ている場合に 0 でなく，回転は $\boldsymbol{b}$ に回転方向の成分があるかどうかを教えてくれるのである．

この詳しい意味はおいおい学ぶことになるだろう．

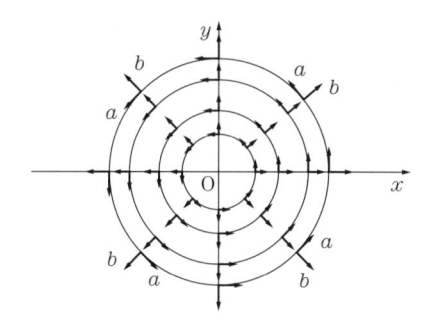

図 **1.10**　発散と回転

1.5　まとめ

この章でやった重要なことを簡単にまとめておこう.

(1) 力はベクトルであり,大きさと方向をもつ矢印で表せる.
(2) ベクトルの合成則(和と差).
(3) 位置もベクトルである.
(4) ベクトルのスカラー積 (1.11) とベクトル積 (1.14).
(5) 速度ベクトルと加速度ベクトル.
(6) 極座標とそれによる速度,加速度.
(7) ベクトルの発散と回転.

ここにあげたことがわかったと思える人は,安心して次に進もう.そうでない人はどこに書いてあるか復習してから次に進むこと.

問　題

1.1　1.1 節で証明した直交するベクトルを合成すると長方形の対角線になることを用いて,直交していないベクトルの平行四辺形の法則を導け.

1.2　式 (1.6) と式 (1.8) を使って式 (1.11) を示せ.

1.3　(a) 次のベクトル積を図を使って説明しながら求めよ.
　　　$e_x \times e_y$,　$e_y \times e_z$,　$e_z \times e_x$,　$e_x \times e_x$,　$e_y \times e_y$,　$e_z \times e_z$
　　　$e_y \times e_x$,　$e_z \times e_y$,　$e_x \times e_z$

(b) 前問の結果と $\boldsymbol{A} = A_x\boldsymbol{e}_x + A_y\boldsymbol{e}_y + A_z\boldsymbol{e}_z$ と $\boldsymbol{B}$ に対する同様の式を用いて，$\boldsymbol{A} \times \boldsymbol{B}$ および $\boldsymbol{B} \times \boldsymbol{A}$ を成分を用いて表せ．また，これらが逆符号になっている理由を説明せよ．

1.4 式 (1.15) を成分を用いて証明せよ．

1.5 ベクトル $\boldsymbol{a} = (-y, x, 0)$ と $\boldsymbol{b} = (x, y, 0)$ のベクトル積とスカラー積を求めよ．これらのベクトルの意味についても考えよ．

1.6 $\boldsymbol{A} \times (\boldsymbol{B} \times \boldsymbol{C}) = (\boldsymbol{A} \cdot \boldsymbol{C})\boldsymbol{B} - (\boldsymbol{A} \cdot \boldsymbol{B})\boldsymbol{C}$ を示せ．

1.7 二つのベクトル $\boldsymbol{r}_1, \boldsymbol{r}_2$ が $\boldsymbol{r}_i = (a_i t^2 + b_i, c_i t, 0)$ $(i = 1, 2)$ で与えられるとき，式 (1.21), (1.22) が成り立つことを確かめよ．

1.8 質点の位置が $x(t) = at - bt^2$ $(a > 0, b > 0)$ で与えられるとき，速さ v を求めよ．この結果から，$v = 0$ になる時間 t を決定し，$t = 0$ から考えたとき，そこで位置 x が最大になることを示せ．また，x の最大値を求めよ．

1.9 等速直線運動の加速度は 0 であることを示せ．

1.10 速さ v が $v = A\cos\omega t$ で与えられているとき，位置 x と加速度 α を求めよ．ただし，$t = 0$ で $x = 0$ であるとする．

1.11 $x = A\cos\omega t$ も $x = A\sin\omega t$ も，方程式 $\mathrm{d}^2 x/\mathrm{d}t^2 = -\omega^2 x$ を満たすことを示せ．

1.12 指数関数 $x = Ae^{at}$ は方程式 $\mathrm{d}^2 x/\math.dt^2 = a^2 x$ を満たすことを示せ．

1.13 $\int (\mathrm{d}\boldsymbol{r}/\mathrm{d}t) \cdot (\mathrm{d}^2\boldsymbol{r}/\mathrm{d}t^2)\mathrm{d}t$ を求めよ．

1.14 $\phi = x^2 + y^2 + z^2$ は 3 次元の球面と関係がある．このグラディエントを求め，その意味を考えよ．さらに $\nabla \times \nabla \phi$ を計算してみよ．

1.15 $\boldsymbol{r}$ にナブラを作用させると，何になるか？

1.16 $\boldsymbol{A} = f(r)\boldsymbol{r} = (x, y, z)f(r)$ $(r \equiv \sqrt{x^2 + y^2 + z^2})$ の発散と回転を計算せよ．

2 運動の法則

運動の法則を今日の形にしたのは，ニュートン (I. Newton) である．彼は，それを三つの法則としてまとめた．以下で順にこれを説明し，いくつかの簡単な応用例を考えよう．

ここが力学の基本なのでしっかり勉強してほしい．

2.1 運動の第 1 法則

これは**慣性の法則**ともよばれる．すなわち

> すべての物体は，力の作用を受けないときは静止または**等速直線運動**をする．

この法則は，物体はそれがもつ速度をそのまま保持しようとする**慣性**をもつことを示している．これが日常の経験と反すると思う人は，この本を読む人にはいないだろう．しかしこれは当り前のことではなかった．ギリシャの哲学者アリストテレスは，物体の本性は止まることにあると考えていたらしい．実際のところ，物を押しても，押し続けないといつかは止まってしまうことはよく経験している．だから物体を滑らかな平面上を滑らせ，その平面をどんどん滑らかにしていくことを考えなければ，そういう結論に達しても不思議ではない．

アリストテレスによれば，矢が空を飛ぶのは，飛んでできた後の真空にどんどん空気が入って矢が押されるためだという．しかしこれはこまの運動を考えれば，誤っていることがわかる．こまがいくら回っても，空気の入る隙間ができないからだ．

われわれが電車に乗っているときのことを考えれば，この法則はさらにあやしくなる．電車が動き出したときには，後ろへ引っ張られるような力を感じるではないか！しかし電車が加速を終って一定速度で動いていると，それがどん

なに速くても力を感じない．後の第5章で述べるように，加速度をもって動いている座標系では，慣性の法則は成り立たない．この法則はむしろ，慣性の法則が成り立つ座標系が必ずあることを保証してくれるものだと考えるほうがよい．そのような座標系のことを，**慣性系**という．高速で動いている新幹線や飛行機に乗っていても，常に力を感じずにすむのは，それが慣性系になっており，慣性の法則が成り立っているおかげだ！

2.2　運動の第2法則

　慣性の法則を認めると，速度を変えるような質点には必ず外から作用が働いているはずだということになる．その原因は，すでに知っている力が働いているためだ．それはベクトルであった．それと等号で結べるのは質点の何だろうか？ニュートンはそれを加速度だとした．加速度は速度というベクトルを微分したものだから，やはりベクトルでつじつまが合っている．それを，**運動の第2法則**または単に**運動の法則**という．加速度は物体の速度の変化を表すから，このことを言葉でいえば

　　　物体が受ける力と，その運動の変化は比例する．

式で書けば，ベクトルとしての加速度は位置ベクトル r を時間で2回微分したもの $\alpha = \mathrm{d}^2 r/\mathrm{d}t^2$ なので，力を F として

$$m\frac{\mathrm{d}^2 r}{\mathrm{d}t^2} = F \tag{2.1}$$

となる．m は正の比例係数であり，質点の**慣性質量**とよばれる．これを**運動方程式**という．

　この法則により，力がわかっていれば運動を決めることができる．運動方程式の使い方はそれだけではなく，逆に，運動から力を決めることもできる．実際ニュートンが，惑星の運動から万有引力を決めることができたのはこのおかげであり（問題6.9参照），最近ではそれによりわれわれの宇宙には目に見えないダークマターが存在することが発見されている．

　この式で，$F = 0$ とおけば $\alpha = 0$ となり，したがって v が一定の等速直線運動になる．したがって，運動の第1法則はいらないとも思える．しかし，すでに注意したように，それは慣性系の存在を保証してくれるものであり，その

上で第2法則が成り立つと考えるべきである．加速度をもつ座標系では，第1法則も第2法則も成り立たない．電車が動き出したときや止まるときに力を感じ，物が動き出すのは，そのためだ．

慣性の法則を初めて提案したのは，ガリレイ[*1]である．物理学の法則がどの慣性系でも同じことを後の第5章で見るが，これはガリレイの相対性原理とよばれる．相対論でも第1法則はそのまま成り立つが，第2法則は変更される．

この法則が，力学の基本である．力学のすべての結果は，この法則から導かれるといっても過言ではなかろう．われわれが以下力学で考えることは，すべてこの法則を変形していくことだともいえるのである．ただし大学での運動方程式の取り扱いは，高校までのものとまったく異なっている．高校までは，等加速度運動までしか取り扱わず，加速度が定数になっている場合までである．しかし一般には加速度が場所によって変化する．この場合，運動方程式は，変数 $\ddot{x}(t)$ が $x(t), \dot{x}(t)$ によって決まるという形をしており，2階の（**常**）**微分方程式**とよばれるものになっている．以下では運動方程式を微分方程式として取り扱うことを学んでいくわけである．

運動を決めるには，実はもう一つ知らなければならない．それは，質点の質量である．同じだけの力が働いたとき，これが大きいほど加速度は小さく，物体は動きにくい．いわば物体の"尻の重さ"を表している量だ．これを定義するのに，ニュートンは密度に体積をかけて得られるとした．しかし，密度は質量を体積で割ったものだから，これはトートロジーだ（いま質点を考えているのに体積って何か？などとやぼなことは聞かないでほしい．理想化して考えているだけなのだから）．密度を別の方法で定義していれば別だが．

読者は，それをはかりで測った重さとすればよいと思うだろう．しかし，物体の重さと，それとはなんの関係もない運動方程式に出てくる質量がどうして一致するのだろうか？本来別々のものなので，関係はなくてもよいはずだ．経験ではこれらは一致しているが，ここではそのことには実は深い意味があり，それがアインシュタイン（A. Einstein）の一般相対性理論の出発点になったことだけを述べておこう．それは**等価原理**とよばれる一般相対性理論の二つの原理のうちの一つである（第9章参照）．ところがそこまで難しいことを考えなくても，実は次節の運動の第3法則を考えればそれを避けることができるのである．

[*1] ガリレイはガリレオとよばれることも多い．ガリレオは姓のガリレイの単数形であり，その家の長男がつけられることがよくあった．本書ではニュートンなどと同様に姓で統一する．

2.3　運動の第3法則

これは，作用反作用の法則ともよばれる．内容は

> ある物体がほかの物体に力を作用させるとき，等しい大きさで逆向きの力を受ける．

これを使ってどうやって質量を決めるか？いま二つの質点があって，互いに力を及ぼし合っているだけで外から力は働いていないとする．このとき質量をそれぞれ m_1, m_2，質点 1(2) から 2(1) へ及ぼす力を $\boldsymbol{F}_{12}(\boldsymbol{F}_{21})$ とすれば，運動方程式は

$$m_1 \boldsymbol{\alpha}_1 = \boldsymbol{F}_{21} \\ m_2 \boldsymbol{\alpha}_2 = \boldsymbol{F}_{12} \tag{2.2}$$

となる．ところが作用反作用の法則により，

$$\boldsymbol{F}_{12} = -\boldsymbol{F}_{21} \tag{2.3}$$

が成り立つから，

$$m_1 \boldsymbol{\alpha}_1 = -m_2 \boldsymbol{\alpha}_2 \tag{2.4}$$

したがって

$$\frac{m_1}{m_2} = \frac{|\boldsymbol{\alpha}_2|}{|\boldsymbol{\alpha}_1|} \tag{2.5}$$

を得る．だから，加速度の大きさを測ってその比をとれば，質量の比がわかる．なにか基準を決めておけば，すべての物体の質量がこれで決まることになる．こうして決まる質量を**慣性質量**という．これに対し，重力で決まる質量を**重力質量**という．

原理的にはこうなのだが，いまは重力質量と慣性質量は同じということに基礎づけが与えられているので，それを受け入れて以下ではこれらを区別しないで話を進めよう．それでこれらの単位は，長さは m，質量は重さの単位である kg，時間は秒 (s) で測る．この単位系で単位長さとは 1 m，単位質量とは 1 kg，単位時間とは 1 秒をいう．よく単位時間といわれて 1 時間と間違える人がいるので，注意しよう．基本は m, kg, s なのだ．加速度は m/s^2，そのときの力は

kg·m/s² = ニュートン (**N**) という．これが本書で主に使う **MKSA** 単位系だ[*2]．これに対し cgs 単位系というのもあって，そこではそれぞれ cm, g, s, cm/s² を使い，力はダイン (dyne) というが，本書ではなるべく使わない．

2.4 微分方程式の解法

ここでは，運動方程式を解くのにすぐに必要になるので，微分方程式の解き方について説明する．方程式に含まれる最高の微分の階数により，1 階とか 2 階の微分方程式とよばれる．ここで必要なのは，2 階までの微分方程式である．

2.4.1 単純なもの

$x(t)$ の微分が，t の関数として具体的に与えられているとき

$$\frac{\mathrm{d}^2 x}{\mathrm{d}t^2} = f(t) \tag{2.6}$$

は，簡単である．単に両辺を 2 回積分すればよい．

$$\frac{\mathrm{d}x}{\mathrm{d}t} = \int_0^t f(t')\mathrm{d}t' + v_0 \tag{2.7}$$

ただし，v_0 は $t=0$ での速度である．これをもう一度積分して

$$x = \int_0^t \mathrm{d}t' \int_0^{t'} f(t'')\mathrm{d}t'' + v_0 t + x_0 \tag{2.8}$$

ただし，x_0 は $t=0$ での位置である．

2.4.2 変数分離型

今度はもう少し難しく，右辺に x の関数 $X(x)$ が入っている場合を考える．

$$\frac{\mathrm{d}x}{\mathrm{d}t} = T(t)X(x) \tag{2.9}$$

これは右辺の $X(x)$ を左辺に移して，t で積分すればよい．

$$\int \frac{1}{X(x)} \frac{\mathrm{d}x}{\mathrm{d}t} \mathrm{d}t = \int T(t)\mathrm{d}t + C \tag{2.10}$$

ただし C は積分定数である．左辺は置換積分の形であり

[*2] A は電流の単位．

$$\int \frac{1}{X(x)} \mathrm{d}x = \int T(t)\mathrm{d}t + C \tag{2.11}$$

となるから，これで解ける．慣れるといちいち式 (2.10) のような形を通して計算するのは面倒なので，式 (2.9) から一挙に

$$\frac{1}{X(x)} \mathrm{d}x = T(t)\mathrm{d}t \tag{2.12}$$

と書いて計算する．

例題 2.1
$$\frac{\mathrm{d}x(t)}{\mathrm{d}t} = \lambda x(t) \tag{2.13}$$

これは

$$\int \frac{\mathrm{d}x}{x} = \int \lambda \mathrm{d}t + C \tag{2.14}$$

$$\log x = \lambda t + C \;\Rightarrow\; x = Ae^{\lambda t} \tag{2.15}$$

注意：いつまでたっても式 (2.13) の両辺を積分して

$$x(t) = \int \lambda x(t) \mathrm{d}t = \lambda x(t)\, t + c_1 \tag{2.16}$$

とする人がいるが，右辺の $x(t)$ は定数ではないのでこのような積分はできない．最初の等号は正しいが，これは微分方程式を「積分方程式」というものに書き換えただけで，解を求めたことにはならない．$x(t)$ が t の具体的な関数として求められていないからである．

例題 2.2
$$\frac{\mathrm{d}x}{\mathrm{d}t} = t(x-1) \tag{2.17}$$

これは

$$\int \frac{\mathrm{d}x}{x-1} = \int t\,\mathrm{d}t + C \tag{2.18}$$

$$\log|x-1| = \frac{t^2}{2} + C \;\Rightarrow\; x = 1 + Ae^{t^2/2} \tag{2.19}$$

解は一つの定数を含む．1 階の微分方程式の解で一つの定数を含むものを**一般解**という．この定数のおき方により，無限にたくさんある．これに対して，何らかの条件を課して定数を決めたものを**特解**（**特殊解**）という．

2.4.3 線形微分方程式

右辺が x やその微分などの 1 次項だけが現れている場合，例えば

$$\frac{dx}{dt} = ax \tag{2.20}$$

は**線形微分方程式**とよばれる（この場合は変数分離型でもある）．このときは

$$x = Ae^{pt} \quad (A \text{ と } p \text{ は定数}) \tag{2.21}$$

とおくのが有効である．これを式 (2.20) に代入すると

$$p = a \tag{2.22}$$

が得られ，正しい答を得る．この場合は自明に近いが，例えば

$$\frac{d^2 x}{dt^2} = -\omega^2 x \tag{2.23}$$

の場合には役立つ（これは単振動として知られている運動方程式）．

$$p^2 x = -\omega^2 x \tag{2.24}$$

となるから，$p = \pm i\omega$ である．これは**オイラーの公式** $e^{ix} = \cos x + i \sin x$ を用いれば（4.1 節参照），三角関数と同じなので

$$x = A \sin \omega t + B \cos \omega t \tag{2.25}$$

が解であることがわかる（$C_1 e^{i\omega t} + C_2 e^{-i\omega t}$ としても同じことである）．この方法はさらに一般化できる．それは後の第 4 章で行う．

2.5 重力と放物運動（大砲のたま）

運動方程式に慣れるために，以下本章では簡単な運動の例をいくつか考えよう．

一様な重力が質点に働くとき，原点から質点を水平と角 θ をなす斜め上方に速さ v_0 で打ち出したとする．相手の陣地をめがけて，大砲をぶっぱなすような場合だ．z 軸を鉛直上向きにとり x 軸を水平方向にとると，質量 m の質点の運動方程式は

$$m\ddot{x} = 0, \qquad m\ddot{z} = -mg \tag{2.26}$$

となる．ここで g は地上の重力加速度の大きさで $g = 9.8 \text{ m·s}^{-2}$ で与えられる．これは式 (2.6) の場合である．これらの式を 1 回積分して

$$\dot{x} = v_0 \cos\theta, \qquad \dot{z} = -gt + v_0 \sin\theta \tag{2.27}$$

を得るので，x 軸方向には等速度運動になることがわかる．z 軸方向には等加速度運動である．さらにこれらをもう 1 回積分して

$$x = v_0 \cos\theta\, t, \qquad z = -\frac{1}{2}gt^2 + v_0 \sin\theta\, t \tag{2.28}$$

ただし $t = 0$ で $x = z = 0$ であることを用いた．これらの，運動を決める運動を始めた点での x や $\dot{x}$ の値を，**初期条件**という．いまの場合，$\boldsymbol{v}_0$ と，$t = 0$ で $x = z = 0$ の条件がそれに当たっている．式 (2.28) から t を消去すれば

$$z = -\frac{g}{2v_0^2 \cos^2\theta} x^2 + x \tan\theta \tag{2.29}$$

これは図 2.1 のような放物運動になっている（だからこそ，この曲線には放物線という名前がついている）．図 2.1 には，同じ速さ v_0 でいろいろな角度で打ち出した場合を示しておいた．

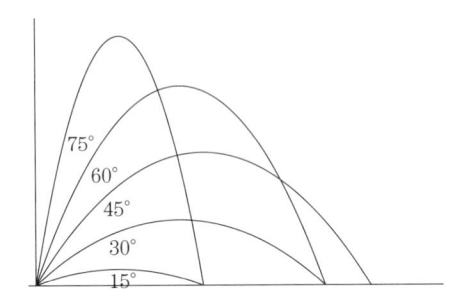

図 **2.1**　大砲のたまの放物運動

z 軸方向の速度が正であるかぎり，質点は上に上がっていく．それはやがて 0 になり，質点は落ち始める．その時刻は式 (2.27) により

$$t = \frac{v_0 \sin\theta}{g} \tag{2.30}$$

となる．これを式 (2.28) に代入して，登りうる最高の高さ H は

$$H = \frac{v_0^2 \sin^2\theta}{2g} \tag{2.31}$$

また到達距離 D は $z=0$ となる点で，式 (2.29) から

$$D = \frac{v_0^2 \sin 2\theta}{g} \tag{2.32}$$

となる．したがって，同じ速度で打ち出したとき，到達距離を最大にするには $\theta = \pi/4$ とすればよい．これは図 2.1 からも読み取れる．大砲の打ち手がこの法則を知っているかどうかで勝敗が決まるかもしれないから，これは大事だ．

任意の時刻での速さを v とすれば，式 (2.27) から

$$\begin{aligned}v^2 &= \dot{x}^2 + \dot{z}^2 = v_0^2 - 2gtv_0\sin\theta + g^2t^2 \\ &= v_0^2 - 2gz\end{aligned} \tag{2.33}$$

を得る．ただし最後の変形では，式 (2.28) を用いた．これは同じ高さを通るときの速さは同じことを示している．このことは実は，エネルギーが保存することと関係している（3.6 節参照）．

2.6　速度による抵抗（雨滴）

前節では質点が自由に落ちていく場合を考えた．その場合鉛直方向の速度はいくらでも大きくなる．例えば，2000 m の高さから降ってくる雨滴は，落ちてくるのに $(1/2)gt_0^2 = 2000\,\text{m}$ より，$t_0 = 20$ 秒かかるから，速度は約 $200\,\text{m/s}$ になる．もし空から降ってくる雨がそんなに速い速度で落ちてきたら，たいへんなことになる．雨粒といえども，速さが大きければトタン屋根ぐらいなら穴があいてしまうだろう．幸いなことに，地球上には空気があってそれを弱めてくれる．高速道路を車でぶっ飛ばすと，風の抵抗にあう．あれである．

この抵抗は速さが大きくなれば大きくなるが，あまり速くないときには速さに比例する．これは流体の粘りつく性質のために生じる抵抗で，**粘性抵抗**という．それを $-m\mu v$ と書けば（μ は流体の粘り具合によって決まる定数），運動方程式は

$$\begin{aligned}m\ddot{x} &= -m\mu\dot{x} \\ m\ddot{z} &= -mg - m\mu\dot{z} = -m\mu(\dot{z} + g/\mu)\end{aligned} \tag{2.34}$$

となる．抵抗の項にマイナスをつけたのは，速度が正のとき運動を遅くするように働くので，$\mu > 0$ として正しい符号になるようにしたためである．これらは $\dot{x}, \dot{z} + g/\mu$ について変数分離形の微分方程式だから，すぐに積分できて

$$\begin{aligned}
\dot{x} &= v_{0x} e^{-\mu t} \\
\dot{z} + \frac{g}{\mu} &= \left(v_{0z} + \frac{g}{\mu} \right) e^{-\mu t}
\end{aligned} \qquad (2.35)$$

もう一度積分して

$$\begin{aligned}
x &= x_0 + \frac{v_{0x}}{\mu}(1 - e^{-\mu t}) \\
z &= z_0 - \frac{g}{\mu} t + \left(\frac{v_{0z}}{\mu} + \frac{g}{\mu^2} \right)(1 - e^{-\mu t})
\end{aligned} \qquad (2.36)$$

を得る．

十分時間がたつと式 (2.35) の速さは一定値 $\dot{x} = 0, \dot{z} = -g/\mu$ に近づく．これは式 (2.34) で右辺が 0 になる速度であり，速さが小さい間は速度が増えるが，速度がある程度増えると抵抗が増えて重力とつりあうため，それ以上加速しなくなる速度であることがわかる．いまの積分がわからなくても，この結果はわかりやすいだろう．この速度のことを**終速度**という．

ではこれで実際の雨粒の速さはどのくらいになるだろう？ こういう粘性抵抗はストークス（G. Stokes）という人が調べている．彼によれば半径 a の球が受ける粘性抵抗は

$$f_v = 6\pi a \eta v \quad \text{つまり} \quad \mu = 6\pi a \eta / m \qquad (2.37)$$

となる（**ストークスの法則**）．ここで η は粘性係数とよばれるもので，表 2.1 に与えてある．都合上，グリセリンの値と鉄の密度も与えた．

表 **2.1** 流体の粘性係数と密度

物質	粘性係数 (kg/m·s)	密度 (kg/m^3)
空気（20°C, 1 気圧）	1.8×10^{-5}	1.2
水（20°C）	1.0×10^{-3}	1.0×10^3
グリセリン（20°C）	1.5	1.26×10^3

*鉄の密度 $= 7.86 \times 10^3$ (kg/m^3)

これを使って粘性抵抗による終速度 v_{Nf} を求めてみると [$m = (4\pi/3)a^3 \times$(密度) により]

$$v_{Nf} = mg/6\pi a\eta = 120[a(\text{mm})]^2 \quad (\text{m/s}) \tag{2.38}$$

となり，半径が 1 mm の雨滴で $v_f = 120$ m/s などという大きな値になる．これは空気中の音速に近く，経験からも到底正しいと思えない．では何が悪いか？

実は速さがある程度以上になると，速度の 2 乗に比例する**慣性抵抗**というものが効いてくる．それは

$$f_I = \frac{\pi}{4}\rho_0 a^2 v^2 \tag{2.39}$$

で与えられる[*3]．ρ_0 は流体の密度だ．運動方程式は

$$m\ddot{z} = -mg + \frac{\pi}{4}\rho_0 a^2 \dot{z}^2 \tag{2.40}$$

となる．これは容易に積分できる（問題 2.13 参照）．

しかしここでは一般解より，運動がどうなるかを考えよう．運動方程式 (2.40) によれば，速度が小さいうちは速度による抵抗が小さいのでやはり加速していくが，速くなると抵抗が効いてきて一定のスピードに落ち着く．このときの終速度 v_{If} はやはり抵抗と重力がつりあう条件，つまり $f_I = mg$ で決まるから，表 2.1 により慣性抵抗による終速度 v_{If} を計算してみると

$$v_{If} = \sqrt{\frac{mg}{(\pi/4)\rho_0 a^2}} = 6.60\sqrt{a(\text{mm})} \quad (\text{m/s}) \tag{2.41}$$

となり，$a = 1$ mm で $v_{If} = 6.6$ m/s を得る．このような雨の速さは静止大気中でガン（R.Gunn）という人が測定しているが（表 2.2），よく一致している．この表には粘性抵抗だけと慣性抵抗だけによる終速度 v_{Nf}, v_{If} もいっしょに示しておいた．半径が 0.25 mm あたりでどちらが効くかの境目がある．

ついでにこれら二つの抵抗が同じ大きさになる臨界速度を求めてみると，$f_v = f_I$ として

[*3] 速度が大きいと粘性抵抗より，流体がぶつかって急に動き出すための反作用が効いてくる．それは単位体積あたり $\rho_0 v$ に比例するが，単位時間にぶつかる流体が v あるから，これは速度の 2 乗に比例する．またぶつかる面積にも比例するので πa^2 にも比例する．8.5 節ではこれを次元解析で導いてある．

表 2.2　雨粒の半径と速度

半径 (mm)	0.05	0.25	0.5	1.0	1.5	2.0
測定速度 (m/s)	0.27	2.06	4.03	6.49	8.06	8.83
v_{Nf} (m/s)	0.30	7.56	30	120	270	480
v_{If} (m/s)	1.48	3.30	4.67	6.60	8.08	9.33

$$av = 3.6 \quad (\mathrm{cm}^2/\mathrm{s}) \tag{2.42}$$

となる．半径が 3 mm ならば速度は 1.2 m/s で慣性抵抗のほうが効いてくることがわかる．半径が大きいほど，小さな速度でも慣性抵抗が効く．逆に，半径が小さければ速さがそこそこ大きくても，粘性抵抗が効くことになる．だから，$a = 0.05\,\mathrm{mm}$ ならば，粘性抵抗による式 (2.38) によって $v_f = 0.30\,\mathrm{m/s}$ となって，やはりよく一致している．

雨が降っているときに傘をさして歩いても傘が破れず，頭に穴があかないのも，この空気の抵抗のおかげだ．空気さまさまである．(物体の速度がさらに大きくなり音速に近づくと，抵抗力は著しく大きくなる．このとき，物体表面と流体が接触するところから**衝撃波**が伝わっていく．これは 4.5.3 節を参照.)

2.7　束縛運動（ジェットコースター）

斜面を滑るスキーのように，物体の運動するところが決まっている運動を**束縛運動**という．物体の運動は力で決まるから，その物体が一定のところを運動するのは，それを常にこの曲線に沿って運動させるような力が働いているからである．そのような力を，**束縛力**という．摩擦がないとき，束縛力は運動方向に垂直に働く．これを**束縛が滑らか**という．

例として，図 2.2 のように長さ l の糸でつるされ固定点 O のまわりに鉛直面内で運動する質点を考える．質点は糸の張力 T により，円周内に束縛される．最近のジェットコースターでも，このように円周状になったものがある．その場合の束縛力はもちろん線路が与えているが，以下の議論はそのまま成り立つ．

この運動は 2 次元内なので 1.3 節に述べた極座標を使うのが便利である．式 (1.26) により，運動方程式は

2.7 束縛運動（ジェットコースター）

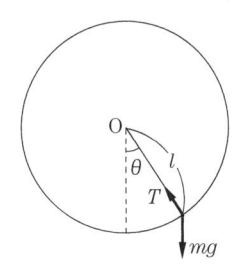

図 2.2 円周に束縛された質点

$$-ml\dot{\theta}^2 = mg\cos\theta - T \tag{2.43}$$

$$ml\ddot{\theta} = -mg\sin\theta \tag{2.44}$$

となる．ただし，いまは $r = l$ が一定であることを用いた．重力を考えないときは運動を円に保つために**向心力** $ml\dot{\theta}^2$ が必要なことに注意しよう．また，束縛力は運動方向に垂直であって，滑らかな束縛の場合になっていることに注意しよう．

後の式 (2.44) から θ が t の関数として決まるはずなのだが，これを解くには特別の工夫が必要だ．まず $2\dot{\theta}$ を掛け，$(\mathrm{d}/\mathrm{d}t)(\dot{\theta}^2) = 2\dot{\theta}\ddot{\theta}$ に注意する．そうすると式 (2.44) は積分できて

$$\dot{\theta}^2 = \frac{2g}{l}\cos\theta + C \tag{2.45}$$

となる．ただし，C は積分定数である．この質点の速さは，式 (1.26) によって $v = l\dot{\theta}$ となるから，式 (2.45) は

$$v^2 = 2gl\cos\theta + C' \tag{2.46}$$

となる．一番下の点 $\theta = 0$ での速さを v_0 と書けば，これは

$$\begin{aligned} v^2 &= v_0^2 - 2gl(1 - \cos\theta) \\ &= v_0^2 - 2gz \end{aligned} \tag{2.47}$$

となる．ここで z は質点の上った高さに等しい．これは式 (2.33) と同じで，束縛されていようとそうでなくても，同じ高さなら同じ速さになることを示してい

る．これは後の 3.6 節で見るように，束縛が滑らかなためである．

これを式 (2.43) に入れれば，T が求められる．

$$T = \frac{m}{l}v_0^2 - 2mg + 3mg\cos\theta \tag{2.48}$$

これが正の領域だけを，質点は運動することになる．もし $T < 0$ だと，糸がたるんでしまったり，ジェットコースターがまっさかさまに落ちてしまうことになる．特に 1 周するためには，$\theta = \pi$ として

$$v_0^2 > 5gl \tag{2.49}$$

でなければならない．へなちょこに回していたのではうまく回らないのは，こういうわけだったのだ．またジェットコースターの速度がある程度速くないと，頂上までいかなかったり，まっさかさまに落ちたりすることになる．もっともこの場合は，車輪が線路からはずれないように安全装置がつけてあるから大丈夫．

2.8　単振り子

前節の場合で，質点の運動が円周全体ではなく，下の方で振動する場合を**単振り子**という．特に θ が小さい場合は，$\sin\theta \approx \theta$ と近似できるので，運動方程式 (2.44) は

$$\ddot{\theta} = -\omega^2 \theta \tag{2.50}$$

となる．ただしここで $\omega^2 \equiv g/l$ とおいた．

この方程式を解くには，まず $\sin\omega t$ と $\cos\omega t$ が式 (2.50) を満たすことに注意する．したがって

$$\theta = a\sin\omega t + b\cos\omega t \tag{2.51}$$

がその一般的な解となる．十分な数の未定定数を含み，**初期条件**を満足させることができる解を**一般解**という．今の解の場合，図 2.3 に示したように時刻 $t = 0$ で位置と速度が決まっていれば，微小時間後の位置が決まる．運動方程式により $t = 0$ での加速度がわかっているから，その微小時間後の速度も決まる．以下同様にして，位置と速度と加速度が順に決まっていくので，運動が一意的に

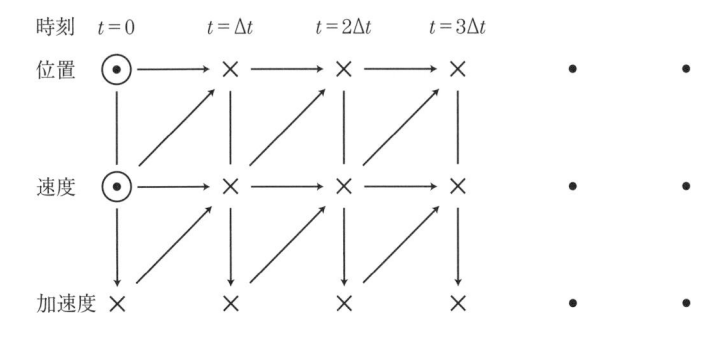

図 2.3 位置, 速度, 加速度の決まり方. ⊙のところを与えれば, 図のように決まっていく.

決まる. したがって式 (2.51) は, 位置と速度に対応して二つの未定定数がある一般解になっていることがわかる[*4]. このことは, 2.5 節でもすでに見た.

式 (2.50) の場合, $t = 0$ での初期条件

$$\theta = \theta_0, \qquad \dot{\theta} = \frac{v_0}{l} \tag{2.52}$$

を課せば

$$\theta = \frac{v_0}{l\omega} \sin \omega t + \theta_0 \cos \omega t \tag{2.53}$$

を得る. これが求める運動であり, 周期的な運動になっている. これは単純な振動であり**単振動**または**調和振動**とよばれる. その周期は

$$T = \frac{2\pi}{\omega} = 2\pi\sqrt{\frac{l}{g}} \tag{2.54}$$

である. これは振幅によらない[*5]. これを**振り子の等時性**という. 1564 年ピサに生まれたガリレイが 19 歳のとき, ピサの斜塔の隣にある壮麗な大聖堂の天井からつり下げられた大きなランプのゆれを自分の脈拍で測って, この振り子の

[*4] ちょっと難しくいうと, これは運動方程式が 2 階の微分方程式 (2 階の微分まで含むという意味) であるためである. 図 2.3 に従って同様に考えれば, 一般に n 階の微分方程式は, n 個の未定定数を含み, 初期条件として位置, 速度, ⋯ に相当する n 個の条件を課すことができる.

[*5] 振幅が小さく, 式 (2.50) の近似ができるときに限ることに注意しよう. そうでないと, 解は楕円関数によって与えられ, 周期は実は振幅に依存する.

32　2　運動の法則

等時性を見つけたことはあまりにも有名だ．同じことを見ても，その深い意味に気づくという注意深さと洞察力に感心する．

問　題

2.1 質点に，一定角速度 ω，半径 r の円運動をさせるには，中心に向かってどれだけの**向心力**が必要か？

2.2 砂が毎秒質量 m，速度 v で落ちてきたとき，静止した床に与える力はどれだけか？

2.3 時速 30 km で走っている 1 トンの車を，ブレーキをかけてから 5 m で止めるには平均どれだけの力を加えなければならないか？　速度が a 倍になると，力は何倍必要か？　また力が一定なら，速度が b 倍のとき止まるのに必要な距離は何倍か？

2.4 半径 10 m のカーブを時速 30 km で回る 1 トンの車にはどれだけの遠心力がかかるか？　速度が a 倍だと，それは何倍になるか？

2.5 水の入ったバケツを手でもって鉛直面内に一定回転数で半径 r の円周に沿って回転させる．水がこぼれないための最低の回転数 f はどれだけか？　$r = 1$ m ならどの程度か？

2.6 力が極座標で $\boldsymbol{F} = F_r \boldsymbol{e}_r + F_\theta \boldsymbol{e}_\theta$ で与えられるとき，質量 m の質点の極座標による各成分の運動方程式を与えよ．

2.7 半径 a の円周上を一定の速さで，反時計回りに回転している物体の位置は $x = a\cos\omega t$, $y = a\sin\omega t$ と表される．
　(a) 速度は常に接線方向に向くことを示せ．
　(b) 加速度は常に円の中心を向き，速度と直交していることを示せ．
　(c) この質点にはどのような力が働いているか？

2.8 2.4 節の例題 2.1 と 2.2 の解が，元の式を満たしていることを確かめよ．

2.9 1 階微分方程式 $dx/dt = t(1-x^2)$ の一般解を求めよ．

2.10 野球の投手が 40 m/s (=144 km/h) で水平に投げた球は，18 m 離れたホームでどのくらい落ちるか？　また，同じ高さになるようにするには，どのくらいの角度で上向きに投げればよいか？

2.11 水平面と β の角度をなす斜面の最下点から，斜面と α の角度をなす方向に初速度 v_0 で物体を投げた．斜面上の到達距離を求めよ．また，β を一定に保ち α を変えたとき，その到達距離が最大になる角度 α を求めよ．

2.12 全体としては慣性抵抗と粘性抵抗の和でかなりよい近似で雨の速度が求められる．両方を入れて表 2.2 の半径に対する終速度を求めよ．

2.13 式 (2.40) を積分し，$t=0$ で $v_z=0, z=h$ として運動を決めよ．

2.14 2.7 節のジェットコースターが 1 周する運動をする場合，軌道は最小いくらの力

に耐えなければならないか？ジェットコースターの質量を5トンとする．これは静止した何トンの物体が乗っているのに相当するか？

2.15 鉛直上向に z 軸，水平に x 軸をとったとき，$z = ax^b$ $(b > 0)$ に滑らかに拘束されている質量 m の質点の原点付近の微小振動の運動方程式を求め，$b = 2$ の場合はどうなるかを議論せよ．

2.16 半径 a の滑らかな球の頂点から質量 m の質点を水平方向に速度 v_0 で動かす．(1) 球面を離れる位置と (2) すぐに球面を離れる条件を求めよ．

2.17 軽い糸に質点をつけて，周期が1秒の単振り子をつくりたい．糸の長さはいくらにすればよいか？

2.18 長さ 4 m のブランコの周期はいくらか？

3 運動方程式の積分

力学のすべての結果は，運動方程式から導くことができる．この章ではそのときに有用な運動方程式の積分とそれから導かれる保存則を与えよう．ここが力学の正念場だ．ここで出てくる三つの重要な概念，運動量，角運動量，エネルギーは，力学の問題を解くのに役立つだけではなく，物理学のすべての分野で基本的で大切なことなので，十分よく理解してほしい．

3.1 運動量と力積

運動方程式 (2.1) は，質量 m がふつう時間によらないので，速度 $\boldsymbol{v}$ を用いて表すと

$$\frac{\mathrm{d}}{\mathrm{d}t}(m\boldsymbol{v}) = \boldsymbol{F} \tag{3.1}$$

とも書ける．そこで**運動量**を

$$\boldsymbol{p} = m\boldsymbol{v} \tag{3.2}$$

で定義しよう．そうすると運動方程式は

$$\frac{\mathrm{d}\boldsymbol{p}}{\mathrm{d}t} = \boldsymbol{F} \tag{3.3}$$

となる．実はこれがもともとニュートンが書いた運動方程式なのだ．質量 m が時間によらないときは，これは式 (2.1) と同じことだが，ロケットのように燃料を燃やしながら動く物体では，質量は時間とともに変化する．このような場合にはこの運動量の時間的変化の方が大切な量になる．詳しくは，6.9 節で調べることにする．

この運動方程式を積分すれば

$$\boldsymbol{p}(t_2) - \boldsymbol{p}(t_1) = \int_{t_1}^{t_2} \boldsymbol{F} \mathrm{d}t \tag{3.4}$$

を得る．ここで右辺の量は，図 3.1(a) のように軌道を細かく分割して，各区間での $\bm{F}(t'-t)$ をベクトル的に加えたものである．例えば，力が一つの方向にしか働かないときは，$\bm{F}$ の大きさに質点の動いた時間を掛けたものになる．これを**力積**とよぶ．つまり

　　運動量の変化はその間に働いた力積に等しい．

これを図示すると，図 3.1(b) のようになって，力が働いたために運動の方向が変わっていることがわかる．運動量は物体の速さに比例しているから，力が加われば大きさや方向がそれに応じて変わるということだ．特に外部から力が加わっていなければ，運動量は変わらない．物理学ではこれを**運動量が保存する**という．質点が一つのときはこれは当たり前だが，二つ以上になると大事な規則になる．

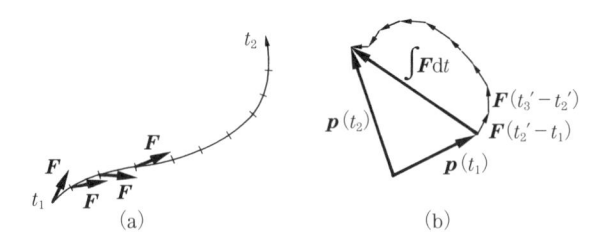

図 3.1　(a) 軌道の分割 (b) 運動量と力積

例として二つの質量 m_1, m_2 の質点が衝突するときを考える．m_1 と m_2 の受ける力積はそれぞれ

$$\bm{I}_1 = \int_{t_1}^{t_2} \bm{F}_{21} dt, \qquad \bm{I}_2 = \int_{t_1}^{t_2} \bm{F}_{12} dt \tag{3.5}$$

となる．しかるに作用反作用の法則により $\bm{F}_{21} = -\bm{F}_{12}$ だから，この二つの力積の和は 0 になる．それで二つの質点の運動量の和は，一定となる．

力の働く時間が短ければ力積は小さいが，ゴルフのクラブでボールを打ったときなどには，瞬間的に大きな力が働き有限の大きさになる．これを**撃力**という．この場合大事なことは，ボールにどんな力が働いたかではなく，どれだけの力積が与えられたかである．それがわかれば式 (3.4) により，その後の運動が決定できる．

3.2 角運動量と力のモーメント

ここでちょっと唐突だが、**角運動量**を

$$l = r \times p = r \times (mv) = m r \times \dot{r} \tag{3.6}$$

によって定義しよう．この時間微分をとると，式 (1.22) の規則により

$$\frac{d}{dt}l = m\dot{r} \times \dot{r} + m r \times \ddot{r} \tag{3.7}$$

を得る．右辺の第 1 項はベクトル積の性質 (1.13) により 0，第 2 項は運動方程式により

$$\frac{d}{dt}l = r \times F \tag{3.8}$$

を与える．

最初に式 (3.6) のような量を定義したのは，その時間微分がこのように運動方程式によって，わかっている量になるようにするためだったのだ．式 (3.8) の右辺

$$N \equiv r \times F \tag{3.9}$$

のことを原点に関する**力のモーメント**という．これはちょうど，てこで力と支点からの距離の積を考えるようなものである．したがって

$$\frac{d}{dt}l = N \tag{3.10}$$

が成り立ち

$$l(t_2) - l(t_1) = \int_{t_1}^{t_2} N dt \tag{3.11}$$

が出る．すなわち

角運動量の変化はその間に働いた力のモーメントに等しい．

角運動量とは，式 (3.6) のようにある点のまわりの回転の大きさを表す量だから，これは回転させるような力を加えただけ回転が大きくなるということを表している．ただし角運動量は，回転している面内のベクトルではなく，回転軸方向を向いたベクトルであることに注意しておこう．

力のモーメントが 0 になるような力が働いているときは，**角運動量は保存する**．この例は 6.6 節の万有引力である．

3.3 エネルギーと仕事

運動方程式

$$m\frac{\mathrm{d}^2 \bm{r}}{\mathrm{d}t^2} = \bm{F} \tag{3.12}$$

に $\mathrm{d}\bm{r}/\mathrm{d}t$ をスカラー積で掛けて t で積分してみよう（2.6 節でしたのと同様の変形である）．問題 1.13 の答を使えば

$$\frac{1}{2}m\left(\frac{\mathrm{d}\bm{r}}{\mathrm{d}t}\right)^2 = \int \bm{F} \cdot \frac{\mathrm{d}\bm{r}}{\mathrm{d}t}\mathrm{d}t = \int \bm{F} \cdot \mathrm{d}\bm{r} \tag{3.13}$$

を得る（あるいはこれを t で微分してみれば，式 (3.12) に $\mathrm{d}\bm{r}/\mathrm{d}t$ を掛けたものになっていることがわかる）．ここで $\mathrm{d}\bm{r}$ という微小ベクトルは，成分が微小量 $(\mathrm{d}x, \mathrm{d}y, \mathrm{d}z)$ になっているベクトルである．右辺の積分の中味は $\bm{F}$ と $\mathrm{d}\bm{r}$ のスカラー積である．いま質点に力 $\bm{F}$ が働き点 P から P′ へ，図 3.2 のような経路で動いたとしよう．点 P での質点の速さを v_1，点 P′ での速さを v_2 とすれば，式 (3.13) は

$$\frac{1}{2}mv_2^2 - \frac{1}{2}mv_1^2 = \int_{\mathrm{P}}^{\mathrm{P}'} \bm{F} \cdot \mathrm{d}\bm{r} \tag{3.14}$$

となる．

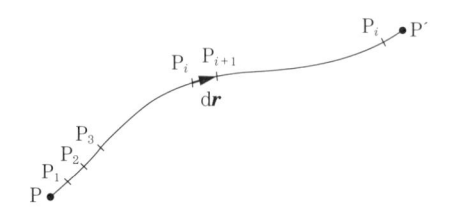

図 3.2　質点の経路

式 (3.14) の左辺に現れた $(1/2)mv^2$ を質点の**運動エネルギー**といい，右辺をこの間に外力 $\bm{F}$ が質点になした**仕事**という．その意味は次のようになる．図 3.2 の点 P から P′ の経路を細かく分割して，そのうちの一つ P_i から P_{i+1} へ $\mathrm{d}\bm{r}$ だけ動いたところを考える．式 (3.14) の右辺の中味は，質点が力 $\bm{F}$ を受けながら点 P_i から P_{i+1} へ動いたときの，**移動した方向の力の成分と動いた距離**

との**積**とになっている．引っ張りながら動くので，何らかの「仕事」をしているわけだ．力の働いていない方向へは，何もしないで楽に動けるので「仕事」もしない．積分 $\int$ の意味は，このような分割したものについて P から P′ までの経路全体について和をとりなさいということだ．これを**線積分**とよぶ．ここでこの名前にギョッとする人がいるかもしれない．恐れることはない．経路がまっすぐのときはふつうの x 積分と同じものだ．まっすぐな部分に分割してたしておけばよい．

実際に計算するには，まず $\int \boldsymbol{F} \cdot \mathrm{d}\boldsymbol{r} = \int (F_x \mathrm{d}x + F_y \mathrm{d}y + F_z \mathrm{d}z)$ と形式的に書く．この第 1 項目は x に関する積分だが，経路が決まっているときは，曲線上で x の値が決まれば y,z の値も決まるようになっており，y,z は x の関数と思ってよいのでそのまま積分できることに注意する．ほかの変数も同じように考えられるから，これは

$$\int_{x_\mathrm{P}}^{x_{\mathrm{P}'}} F_x(x,y(x),z(x))\mathrm{d}x + \int_{y_\mathrm{P}}^{y_{\mathrm{P}'}} F_y(x(y),y,z(y))\mathrm{d}y$$
$$+ \int_{z_\mathrm{P}}^{z_{\mathrm{P}'}} F_z(x(z),y(z),z)\mathrm{d}z \tag{3.15}$$

と書ける．第 1 項では，F_x は x だけの関数となっているからすぐに積分でき，ほかの項も同様だ．またなにか助変数 s を使って，座標が $(x(s),y(s),z(s))$ と書けるときは

$$\int_{s_\mathrm{P}}^{s_{\mathrm{P}'}} \left[F_x(x(s),y(s),z(s))\frac{\mathrm{d}x(s)}{\mathrm{d}s} + F_y(x(s),y(s),z(s))\frac{\mathrm{d}y(s)}{\mathrm{d}s} \right.$$
$$\left. + F_z(x(s),y(s),z(s))\frac{\mathrm{d}z(s)}{\mathrm{d}s} \right] \mathrm{d}s$$
$$= \int_{s_\mathrm{P}}^{s_{\mathrm{P}'}} \boldsymbol{F}(r(s)) \cdot \frac{\mathrm{d}\boldsymbol{r}(s)}{\mathrm{d}s} \mathrm{d}s \tag{3.16}$$

となる．経路によって一般に仕事は異なることに注意せよ．ここでいろいろな場合の計算の仕方を示しておこう．

例 3.1 原点から点 (a,b,c) へ行くとき，最初 x 軸に沿って $(a,0,0)$ に行き，次に y 軸に平行に $(a,b,0)$ に行き，最後に z 軸に平行に (a,b,c) まで行くとき，

$$\int_0^a F_x(x',0,0)\mathrm{d}x' + \int_0^b F_y(a,y',0)\mathrm{d}y' + \int_0^c F_z(a,b,z')\mathrm{d}z' \tag{3.17}$$

例 3.2 最初 y 軸に沿って，次に z 軸，最後に x 軸に平行に行くとき

$$\int_0^b F_y(0,y',0)\mathrm{d}y' + \int_0^c F_z(0,b,z')\mathrm{d}z' + \int_0^a F_x(x',b,c)\mathrm{d}x' \tag{3.18}$$

例 3.3 まっすぐ (a,b,c) に向かうとき，$0 \leq s \leq 1$ を助変数として $(x',y',z') = (as,bs,cs)$ となり

$$\int_0^1 [F_x(as,bs,cs)a + F_y(as,bs,cs)b + F_z(as,bs,cs)c]\mathrm{d}s \tag{3.19}$$

ここで，力の各成分に a,b,c が掛かっていることに注意せよ．

例 3.4 半径一定 r の円周で，$\theta = 0$ から θ_0 まで行くとき

$$\int_0^{\theta_0} F_\theta r \mathrm{d}\theta \tag{3.20}$$

となる．距離が $r\mathrm{d}\theta$ で表されることに注意せよ．

以上のことを踏まえたうえで，式 (3.14) は

運動エネルギーの増加はその間に働いた力のした仕事に等しい

ことを示していることがわかった．

質点が滑らかな曲線に沿って運動する場合，その束縛力は常にその曲線に垂直であり仕事をしない．そのときや質点に力が働かないときには，**運動エネルギーは保存する**．

単位としては，1 N の力で 1 m 動かしたときの仕事を 1 ジュール (**J**) という．単位時間あたりにする仕事を**仕事率**という．その単位は J/s で，これをワット (**W**) という．電力でおなじみのものだ．

3.4 保存力とポテンシャル

物体が粗い面の上を滑るときには，摩擦による力が働く．それが大きければ大きいほど動かしにくい．この物体を点 P から Q へ動かそうとするときには，図 3.3 に示したようにいろいろな経路がとれ，その経路が長ければ長いほど余分の仕事をしなければならない．摩擦力のする仕事は経路によって異なるわけだ．ところが力によっては，仕事が P と Q だけにより経路によらないことがある．そのような力を**保存力**という．そんなものは少ないと思うかもしれないが，力学で扱う基本的な力はほとんどがそういう力になっている．

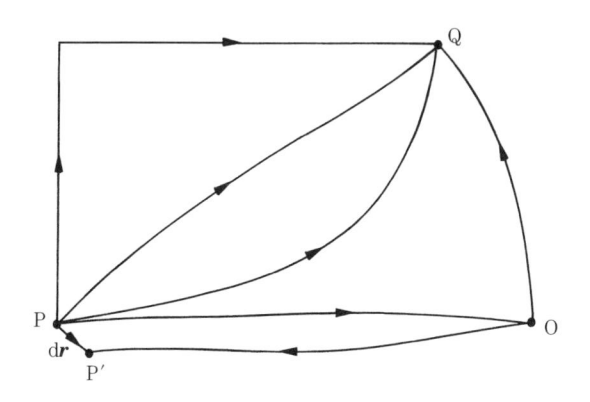

図 3.3　質点のいろいろな経路と経路の変更

一般に保存力が働いているときには，ある点からほかの点へ質点が動く間に力 $\boldsymbol{F}$ がする仕事は経路によらないから，基準点 O を固定してそこから点 r_P までの仕事に**負号**をつけたものを

$$V(\boldsymbol{r}_\mathrm{P}) = -\int_\mathrm{O}^{r_\mathrm{P}} \boldsymbol{F} \cdot \mathrm{d}\boldsymbol{r} \tag{3.21}$$

と定義すると，これは r_P だけの関数である（つまり，途中の経路によらない）．これをこの力の**ポテンシャルエネルギー**または単に**ポテンシャル**とよぶ．基準点の選び方によって V には定数だけの差があるが，それは問題にならないことをすぐに見る．技術的なことだが，仕事とポテンシャルはマイナスだけ違うことにくれぐれも注意してほしい．

ポテンシャルがわかっていると，それを用いて力を求めることができる．いま質点が点 P から微小距離 $\mathrm{d}\boldsymbol{r}$ だけ離れた点 P′ へ動くときに力 $\boldsymbol{F}$ のする仕事（のマイナス）は

$$-\int_\mathrm{P}^{\mathrm{P}'} \boldsymbol{F} \cdot \mathrm{d}\boldsymbol{r} \tag{3.22}$$

で与えられる．ところがこの仕事は経路によらないから，それを図 3.3 のようにわざと原点 O を通るようにしてもよい．そうすると式 (3.22) は式 (3.21) を用いて

$$V(\boldsymbol{r} + \mathrm{d}\boldsymbol{r}) - V(\boldsymbol{r}) \equiv \mathrm{d}V(\boldsymbol{r}) \tag{3.23}$$

と書ける．これは質点が P から P$'$ へ動いたときの V の全体の変化量で，**全微分**とよばれている（付録 A 参照）．ところが dx, dy, dz は小さいから，その 1 次まで残せば

$$\begin{aligned}
dV(\bm{r}) &= V(x+dx, y+dy, z+dz) - V(x, y, z) \\
&= [V(x+dx, y+dy, z+dz) - V(x, y+dy, z+dz)] \\
&\quad + [V(x, y+dy, z+dz) - V(x, y, z+dz)] \\
&\quad + [V(x, y, z+dz) - V(x, y, z)] \\
&\simeq \frac{\partial V(x, y+dy, z+dz)}{\partial x}dx + \frac{\partial V(x, y, z+dz)}{\partial y}dy \\
&\quad + \frac{\partial V(x, y, z)}{\partial z}dz \\
&\simeq \frac{\partial V(x, y, z)}{\partial x}dx + \frac{\partial V(x, y, z)}{\partial y}dy + \frac{\partial V(x, y, z)}{\partial z}dz \quad (3.24)
\end{aligned}$$

となる．ここで 2 行目の式は同じものを足したり引いたりしただけであり，次はそれぞれ x, y, z について**テイラー展開**した[*1]．$\partial/\partial x$ などの記号は 1.4 節に出てきた偏微分であり，ほかの変数を定数だと思って微分することを意味する．最後に微小量 dx などについて 2 次以上になるものを落とした．一方，式 (3.22) の方は，$d\bm{r}$ が小さいので積分の中味そのもの

$$-(F_x dx + F_y dy + F_z dz) \quad (3.25)$$

としてよい．式 (3.24) と式 (3.25) を比べて

[*1] テイラー展開を知らない人のために，それを説明しておこう．x がある定数 a に近いとき，x の関数 $f(x)$ は小さな量 $(x-a)$ で展開できるだろう．そこで

$$f(x) = a_0 + a_1(x-a) + a_2(x-a)^2 + \cdots$$

と書こう．ここに現れた定数 $a_0, a_1, \cdots$ は，両辺をつぎつぎに微分して $x = a$ とおくことにより求められる．まず微分しないで $x = a$ とおけば，$a_0 = f(a)$ がわかる．1 回微分して $x = a$ とおけば，$a_1 = f'(a)$ となる．以下同様にして

$$f(x) = \sum_{n=0}^{\infty} \frac{f^{(n)}(a)}{n!}(x-a)^n$$

となることがわかる．$f^{(n)}(a)$ は $f(x)$ の n 階微分で，$x = a$ とおいたものを表す．これをテイラー展開という．$f(x)$ が n 次の多項式のときは微分が n のところから先は 0 になってちゃんと正しい展開を与えることが確かめられる．

$$F_x = -\frac{\partial V(x,y,z)}{\partial x}, \qquad F_y = -\frac{\partial V(x,y,z)}{\partial y}, \qquad F_z = -\frac{\partial V(x,y,z)}{\partial z} \tag{3.26}$$

あるいはベクトルで書けば

$$\boldsymbol{F} = -\nabla V(\boldsymbol{r}) \tag{3.27}$$

を得る．これがポテンシャルと保存力の関係だ．式 (3.26) に比べて式 (3.27) のなんて簡単なことか！微分するので定数だけ違うポテンシャルを使ってもかまわない．ただし，一度基準点を決めたらそれを変更してはいけない．また，いくつかの領域にまたがるときは，ポテンシャルは連続になるように定数を決める．まとめておくと

$$\text{ポテンシャル } V(\boldsymbol{r}) \iff \text{力 } \boldsymbol{F} = -\nabla V(\boldsymbol{r})$$

となる．

3.5 場としてのポテンシャル

これでポテンシャルがわかったとき，力は求められる．では力がわかっているとき，それが保存力かどうかを知るにはどうするか？答は

$$\text{保存力} \iff \nabla \times \boldsymbol{F} = 0 \qquad \text{(渦なし)} \tag{3.28}$$

である．式 (3.27) からわかるように保存力 $\boldsymbol{F}$ は，ナブラ方向のベクトルだ．だからベクトル積の性質 (1.13) により，ナブラをベクトル積で掛けると 0 になる（問題 3.17 参照）．逆はちょっと難しい．

それを示すために，保存力の性質をちょっと別の形に書こう．式 (3.22) で点 P から出発して再び点 P に戻る場合を考えると，この積分は 0 になる．どんな経路をとってもよいから，全然動いていない場合も動いた場合も 0 だ．つまり保存力では，任意の閉曲線に対して

$$\oint \boldsymbol{F} \cdot \mathrm{d}\boldsymbol{r} = 0 \tag{3.29}$$

が成り立つ．ここで $\oint$ は閉曲線に沿っての積分を表す．

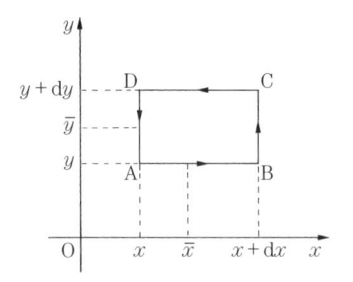

図 3.4　力の渦巻成分

この式の意味はこうだ．いま考えている経路に沿って力が同じ方向にぐるりと働いているとすると，これは 0 にならない．1 周すると必ず 0 でなければならないということは，そういう渦のようなものがあってはいけないということだ．それで，式 (3.28) には「渦なし」と入れておいた．すでに 1.4 節で注意しておいたことから，ベクトルの回転がこれと関係していることは容易に察しがつくだろう．これはポテンシャル (3.21) が空間のどの点でも一意的に定義できるための条件になっている．

この式を図 3.4 のように点 $A(x,y,z)$ から出発して x–y 平面内の微小な長方形を，1 周する場合に適用しよう．A から B へ行くときは $d\bm{r}$ は x 成分しかないので，x と $x+dx$ の間の適当な値 $\bar{x}$ をとれば

$$\int_A^B \bm{F}\cdot d\bm{r} = \int_A^B F_x dx = F_x(\bar{x},y,z)dx \tag{3.30}$$

が成り立つ（中間値の定理）．だから，1 周の積分が 0 というのは

$$F_x(\bar{x},y,z)dx + F_y(x+dx,\ \bar{y},\ z)dy$$
$$-F_x(\bar{x},\ y+dy,\ z)dx - F_y(x,\bar{y},z)dy = 0 \tag{3.31}$$

となる．ここで 1 項目と 3 項目，2 項目と 4 項目を組み合せて

$$\begin{aligned}F_x(\bar{x},\ y+dy,\ z)dx - F_x(\bar{x},y,z)dx &\simeq \left(\frac{\partial F_x}{\partial y}\right)_{\bar{x},y,z} dy dx \\ F_y(x+dx,\ \bar{y},\ z)dy - F_y(x,\bar{y},z)dy &\simeq \left(\frac{\partial F_y}{\partial x}\right)_{x,\bar{y},z} dx dy\end{aligned} \tag{3.32}$$

ただし dx, dy の高次の項は省略した．これを式 (3.30) に代入して $dxdy$ で割り，$dx, dy \to 0$ の極限をとる．$\bar{x}, \bar{y}$ はそれぞれ x, y に一致するので

$$\frac{\partial F_y}{\partial x} - \frac{\partial F_x}{\partial y} = 0 \tag{3.33}$$

を得る．これはちょうど，式 (3.28) の z 成分になっている．y–z, z–x 平面で同じことをやれば，求める結果が得られる．

式 (3.28) と式 (3.29) は同等だから，式 (3.28) も $\boldsymbol{F}$ が渦のようになっていないことを表す．それが式 (3.28) を回転とよぶ理由だ．ではその力は実際にはどのようになっているか? その答は次のようになる．

何度も強調するが，ポテンシャル $V(\boldsymbol{r})$ は位置 $\boldsymbol{r}$ だけの関数だ．そのようなものを物理学では**場**という．何か空間が場所ごとにゆがんでいることを表していると思ってよい．ポテンシャルが同じ点をつなぐと 1 枚の面になる．これを**等ポテンシャル面**という．これはちょうど地図の等高線のようなものだ．力とポテンシャルには

$$\boldsymbol{F} \cdot \mathrm{d}\boldsymbol{r} = -[V(\boldsymbol{r} + \mathrm{d}\boldsymbol{r}) - V(\boldsymbol{r})] \tag{3.34}$$

の関係があった [式 (3.22), (3.23), (3.25) を見よ] が，等ポテンシャル面上では右辺は 0 である．したがって力 $\boldsymbol{F}$ とこの面は直交している．その方向は V が減る方向だ．よく博物館に地域の模型で山などはもりあげたものが置いてあるが，それと同じで坂の一番急な方へころげ落ちるように力が働くのだ．平らな方向には引っ張られないことは山に登ってみなくてもわかろう．空間に場があるということは，ちょうどこれと同じで真上から見ればただの平面に見えるが，本当はそちらからは見えない方向に凸凹があるということだ．

この見方では，力がぐるりと回っていない（渦なしになっている）のは，下に下がっていくと再び頂上に出ることはありえないからだ．

3.6 力学的エネルギー保存則

保存力が働いているときには，式 (3.14) の右辺は

$$\int_{P_1}^{P_2} \boldsymbol{F} \cdot \mathrm{d}\boldsymbol{r} = -V(P_2) + V(P_1) \tag{3.35}$$

と書けるから

$$\frac{1}{2}mv_1^2 + V(P_1) = \frac{1}{2}mv_2^2 + V(P_2) \tag{3.36}$$

を得る．この運動エネルギーとポテンシャルの和を**力学的エネルギー**という．このように書いたとき，後者を**位置エネルギー**ともいう．式 (3.36) によれば，力学的エネルギーは保存する．これを，**力学的エネルギー保存則**という．これを定数 E と書く．

これは日常でも経験している．山のてっぺんから走って降りると自分ではあまり力を入れていなくても自然に速くなってしまう．位置のエネルギーが運動エネルギーになったのだ．もし途中でそのエネルギーを失わなければ，もう一度同じ高さに上がれるはずだ．

E は一定で運動エネルギーは正だから，式 (3.36) により質点は

$$\frac{1}{2}mv^2 = E - V(P) \geq 0 \tag{3.37}$$

の領域しか運動できない．これを**可動域**という（1 次元の運動の場合は**可動区間**ということが多い）．

例 3.5 重力． 一様な重力中で質点を高さ z_0 から z へ運ぶ場合を考えてみよう．力が下向きに働くから

$$-\int_{z_0}^{z} (-mg)\mathrm{d}z = mg(z - z_0) \tag{3.38}$$

となる．この場合ポテンシャルは x, y によらない．これが 2.5 節の式 (2.33) や 2.7 節の式 (2.47) の基礎になっている．つまり式 (3.36) は，$(1/2)mv^2 + mgz = (1/2)mv_0^2$ となり，式 (2.33) や (2.47) と一致する．後の場合，質点が滑らかな曲線に沿って運動するので，その束縛力は仕事をしない．したがって重力を受けて運動する場合，このように束縛されているかどうかはエネルギーに差を生じない．2.7 節の速度を与える式 (2.47) が余分の力が働いていても，2.5 節の式 (2.33) と等しいのは，そういう理由なのである．

例 3.6 万有引力． 質量 M の質点が原点にあり，質量 m の質点が $\boldsymbol{r}$ の位置にあるとき，m は

$$\boldsymbol{F} = -\frac{GMm}{r^2}\frac{\boldsymbol{r}}{r} \tag{3.39}$$

の力を受ける．G は万有引力定数とよばれる定数 $G = 6.67 \times 10^{-11}$ N·m^2·kg^{-2} である．負号は原点に引っ張られることを表す．このような力は**中心力**とよばれる．もっと一般的に議論するために，万有引力を一般の形にしたもの

$$\boldsymbol{F} = -U'(r)\frac{\boldsymbol{r}}{r} \tag{3.40}$$

を考えよう（万有引力 (3.39) のときは $U(r) = -GMm(1/r)$ である）．このとき

$$\frac{\partial}{\partial y}\left(\frac{U'(r)}{r}\right) = \frac{\partial r}{\partial y}\frac{\partial}{\partial r}\left(\frac{U'(r)}{r}\right) = y\frac{U''(r)r - U'(r)}{r^3} \tag{3.41}$$

などを用いて，式 (3.40) の $\boldsymbol{F}$ の回転の x 成分を計算してみると

$$\left(\nabla \times \left(U'(r)\frac{\boldsymbol{r}}{r}\right)\right)_x = \frac{\partial}{\partial y}\left(\frac{zU'(r)}{r}\right) - \frac{\partial}{\partial z}\left(\frac{yU'(r)}{r}\right) = 0 \tag{3.42}$$

となり，ほかの成分も 0 になるから，保存力になっている．式 (3.40) からわかるように力がクリのいがのように外を向いていて，ぐるぐると渦巻いていないから回転が 0 になったのだ．注意してほしいのは，**中心力というのは力の働く方向が中心を向いている**というだけであり，**保存力ということとは異なること**である．式 (3.40) のように与えられるものは保存力になっているが，**中心力**というだけでは保存力かどうかはわからない．

これがわかれば，ポテンシャルを出すにはどのような経路をとってもよいから，原点から考えている点へまっすぐにとると $\boldsymbol{r} \cdot \mathrm{d}\boldsymbol{r} = r\mathrm{d}r$ となるので

$$V(\boldsymbol{r}) = \int_0^r U'(r)\mathrm{d}r = U(r) \tag{3.43}$$

を得る．万有引力 (3.39) のときは，原点でなく無限遠点を基準にとると

$$V(r) = -GMm\frac{1}{r} \tag{3.44}$$

となる．原点での値は無限大になるからである．

3.7　1 次元の運動

物体の運動が 1 次元に制限されているときは，運動方程式は一般に

$$m\ddot{x} = F\left(x, \frac{\mathrm{d}x}{\mathrm{d}t}, t\right) \tag{3.45}$$

となる．一般解は二つの未定定数を含むことになる．

力 F が x, $\mathrm{d}x/\mathrm{d}t$, t のうちたかだか一つにしかよらないときは，次のように解を一般に求めることができる．

(1) F が x のみによるとき

この場合，1 次元の運動は完全に解くことができる．それはエネルギーが保存するためである．運動の道筋は一つしかないから，この場合の力は必ず積分できて保存力となり，基準点を原点にとればポテンシャルが

$$V(x) = -\int_0^x F(x)\mathrm{d}x \tag{3.46}$$

で与えられる．

式 (3.45) に $\dot{x}$ を掛けて積分すると，

$$\int F(x)\dot{x}\mathrm{d}t = \int F(x)\mathrm{d}x = -V(x) \tag{3.47}$$

だから，

$$\frac{1}{2}m\dot{x}^2 + V(x) = E \tag{3.48}$$

を得る．したがって

$$\dot{x} = \pm\sqrt{\frac{2}{m}[E - V(x)]} \tag{3.49}$$

となる．平方根の中味は負ではいけないから，**可動域**は

$$E - V(x) \geq 0 \tag{3.50}$$

で与えられる．式 (3.49) はさらに積分できて

$$t - t_0 = \pm\int_{x_0}^x \frac{\sqrt{m}}{\sqrt{2[E - V(x)]}}\mathrm{d}x \tag{3.51}$$

となる．ここで $t = t_0$ のときの位置を x_0 と書いた．また $\pm$ の符号は運動の状態に応じてどちらかの符号をとる．これを x について解き直せば x が t の関数として定まるというわけだ（これが初等積分で表せるかどうかは別の話だが）．なお可動域が有限 ($x_1 \leq x \leq x_2$) のときは必ず周期運動であって，その周期は

$$T = \int_{x_1}^{x_2} \frac{\sqrt{2m}}{\sqrt{E - V(x)}}\mathrm{d}x \tag{3.52}$$

で与えられる．

(2) F が dx/dt のみによるとき

$v = dx/dt$ とおけば，運動方程式 (3.45) は次のように積分できる．

$$m\int_{v_0}^{v}\frac{dv}{F(v)} = \int_{t_0}^{t} dt \tag{3.53}$$

これで v が求まるので，それを再び時間 t で積分すれば $x(t)$ が求まる．

(3) F が t のみによるとき

運動方程式 (3.45) は

$$m\frac{d^2x}{dt^2} = F(t) \tag{3.54}$$

これはすぐに積分できて

$$m\frac{dx}{dt} = \int F(t)dt + c_1 \tag{3.55}$$

となる．ただし c_1 は積分定数である．もう一度積分して

$$mx = \int^t dt \left[\int^t F(t')dt' + c_1\right] + c_2 \tag{3.56}$$

を得る．ここの c_2 も積分定数である．

力 F が二つ以上の変数によるときはもっと複雑になる．4.3 節に出てくる強制振動はこの場合の解ける例になっているが，一般には解くのは難しい．しかし 2.8 節の図 2.3 によって考えれば，一般解として二つの未定定数を含むものが必ず存在することがわかる．

3.8 摩擦力

最後に，保存力にならない場合の例を挙げておこう．物体が斜面を滑り落ちるときには，斜面からの束縛力は必ずしも斜面に垂直ではない．この力の垂直な成分を**垂直抗力**，平行な成分を**摩擦力**という．これは運動を妨げる方向に働く．垂直抗力は物体からの力 T とつりあう（そうでなければ面から飛び出してしまうから）．

摩擦力には 2 種類ある．物体が静止しているとき，滑らせようとする力 F が弱くて

$$F < \mu T \tag{3.57}$$

ならば，物体は滑らないで止まっている．これより力が強くなると滑り始める．μ は面と物体により決まる定数で，**静止摩擦係数**という．

物体が滑り出しても，摩擦力は働く．このときは近似的に

$$F = \mu' T \tag{3.58}$$

が成り立つことが知られている．μ' を**動摩擦係数**とよぶ．一般に動摩擦係数は静止摩擦係数より小さい．

質点を動かして同じ点にもってきても仕事をしているから，摩擦力は保存力ではない．

3.9 まとめ

ふり返ってみると，運動量は運動方程式そのものを積分したもの，角運動量は r をベクトル積で掛けて積分したもの，エネルギーは v をスカラー積で掛けて積分したものから得られている．そうして得られる保存則が，運動量の保存則といったものである．

ほかのベクトルを掛けて積分できれば，何か新しい保存則が得られることもあろう．一般的に得られるのはこの三つだけなのだが．最初に述べたように，これらの量は力学以外の分野でもたいへん重要な役割を果たすことに，もう一度注意しておく．それらがなぜ，どんなときに保存されるのかをもう一度確認したうえで，次に進もう．

最後に強調しておきたいのは，以上の結果はすべて運動方程式から導かれるのであって，決して独立に覚えるものではないということだ．

問題

3.1 質量 10 g の弾丸が水平に 200 m/s で飛んで来て，体重 60 kg の人に当たった．当たった瞬間にこの人はどのくらいの速さで動かされるか？ 15 kg の頭だけならどのくらいか？

3.2 ゴルフクラブのヘッドで 30 g のボールを打つ．そのときの力が 10 kg のおもりと同じ大きさで，0.05 秒働いたとすると，ボールはどれだけの速さで飛ぶか？

問　題　51

3.3　速さ 8 m/s，質量 500 g のパイを顔にぶつけられたとき，顔に受ける力はいくらか？力が加わる時間は，パイが初めの速さで 5 cm 動く時間とする．また顔にぶつかった後，パイの速さは 0 とする．またこれを，重力のもとでパイを支えているときの力と比べてみよ．

3.4　野球でデッドボールを受けたときの力はどの程度か？ボールの速さは 40 m/s，質量は 145 g とし，力が加わる時間はボールが初めの速さで 5 cm 動く時間とする．またぶつかった後，ボールの速さは 0 とする．

3.5　質量 m の物体が，壁に固定されたばねに速度 v で衝突し，逆向きに同じ速度ではね返されるとき，物体がばねから受ける力積を計算せよ．ただし物体が最初に動いていた方向を正とする．(問題 4.5 も参照せよ.)

3.6　地球のまわりを 1 日の周期で円軌道を回る 1 トンの静止衛星のもつ角運動量はいくらか？

3.7　月のもつ角運動量はいくらか？必要な量は 5 章の表 5.1 に与えてある．

3.8　質量 m の質点が半径 a の円周上を，一定の角速度 ω で等速円運動している．
(a) 円の中心 O のまわりの角運動量を求め，それが保存しているかどうかを答えよ．
(b) 円周上の 1 点（自由に決めてよい）のまわりの角運動量を求め，それが保存しているかどうかを答えよ．(ヒント：質点の位置ベクトル r は $r = (a\cos\omega t, a\sin\omega t, 0)$ と書ける．これを使って定義に従い角運動量を計算する.)

3.9　位置ベクトルが $r = (A\cos\omega t, B\sin\omega t, 0)$ で与えられる質点について，
(a) 楕円運動をしていることを示せ．
(b) 原点 O のまわりの角運動量を求め，それが保存しているかどうか答えよ．

3.10　x 軸上を正の方向に速さ v で等速直線運動する質点（質量 m）がある．このとき点 A$(0, y, 0)$ のまわりのこの質点の角運動量を求め，それが保存するかどうか答えよ．またそれはなぜか？

3.11　問題 2.3 で，力のした仕事を求め，それが車のもっていた運動エネルギーに等しいことを確かめよ．

3.12　$F_x = 4x^3y, F_y = x^4, F_z = 0$ の力を受けながら，原点から点 (a, b, c) へ，本文 3.3 節の例 3.1, 3.3 のルートで行く場合の仕事を求めよ．またポテンシャルがある場合は求めよ．

3.13　前問で力が $F_x = x^2yz, F_y = xy^2z, F_z = x^2y$ ならばどうか？

3.14　次の力を受けながら，(x, y) 平面内を原点から点 (a, b) へ，(1) 最初 x 軸に沿って $(a, 0)$ まで行き，次に y 軸方向へ行く場合と，(2) 最初 y 軸に沿って行き，次に x 軸方向に行く場合の仕事を求めよ．(I)$F_x = 3x^2y, F_y = x^3$, (II)$F_x = x^2y, F_y = xy^2$．またそれからポテンシャルが求められる場合は求めよ．

3.15　問題 3.12〜3.14 の力が保存力かどうかを判定せよ．

3.16　ポテンシャルが $V(r) = A/r$ のときの力を求めよ．

3.17　$\nabla \times (\nabla u) = 0$ を示せ．

3.18 $F_i = \sum_{j=x,y,z} a_{ij} j$ (a_{ij} は定数) が保存力であるための条件と,そのときのポテンシャルを求めよ.

3.19 体重 50 kg の人が 1000 m の高さの山に登るときの仕事を求めよ.1 kg の脂肪は 3.8×10^7 J のエネルギーを含む.10% の効率で仕事に変えられるとすれば,どれだけ脂肪が減るか?

3.20 水が滝から 50 m 落ちた.エネルギーがすべて熱に変わったとすると,水の温度は何度上がるか? 1 cal=4.2 J とせよ.

3.21 野球のピッチャーが質量 145 g のボールを 130 km/h のスピードで投げるとする.
(a) ボールに与えた運動エネルギーは何 J か?
(b) 1 試合で 150 球のボールを投げるとしたとき,ボールに与えた全運動エネルギーは何 J か?
(c) また,そのエネルギーは牛肉何 g 分に相当するか? 100 g の牛肉のエネルギーは 150 kcal とし,1 cal は 4.18 J として計算せよ.

3.22 長さ l の軽い糸の先に,質量 m のおもりのついた単振り子があり,最下点において水平に速度 v_0 を与える.糸と鉛直線のなす角を θ として,その運動方程式を書き,その一つに $\dot{\theta}$ を掛けて積分して,それが力学的エネルギーの保存則を与えることを示せ.(2.7 節を参照せよ.)

3.23 (a) 前問で糸がたるまずに振動するための v_0 の条件を求めよ.ただし重力加速度の大きさを g とし,空気の抵抗は無視できるとする.(ヒント:振動するためには,どこかで速度が 0 になることが必要で,そこで糸がたるまない条件を求める.)
(b) 同じく,糸がたるまずに回転運動するための v_0 の条件を求めよ.(ヒント:回転運動するためには,頂上まで行かなければならず,そこで糸がたるまない条件を求める.)

3.24 力が原点からの距離 x に比例して $-kx$ で与えられるとき,力学的エネルギー保存則はどうなるか?

3.25 万有引力の下で運動する質点は,エネルギーにより可動域がどう変わるか? 地上からロケットを鉛直に打ち上げたときの脱出速度 (**第 2 宇宙速度**) はいくらか? 地球半径は表 5.1 に与えてある.ついでに,地球の地表すれすれに衛星として存在するために必要な速さを**第 1 宇宙速度**といい,第 2 宇宙速度より小さい.遠心力と重力がつりあう条件からこれも求めよ.

3.26 ポテンシャル $V(x)$ の安定平衡点 $x_0 (V'(x_0) = 0, V''(x_0) > 0)$ での微小振動を調べよ.

3.27 モース (Morse)・ポテンシャル $V(x) = D(e^{-2x} - 2e^{-x})$ ($D > 0$) での運動で,振動するためのエネルギー E に対する条件と周期を求めよ.

3.28 角度 θ の斜面で静止している物体が滑り落ちない条件は何か?

3.29 角度 θ,動摩擦係数 μ' の粗い斜面を滑り落ちる質量 m の質点の力学的エネルギーの変化を求めよ.

4 振動と波動

ここでは，力学の重要な応用分野であるさまざまな振動と，波動現象というものを，簡単にまとめておく．

ここでは，4.1~4.4 節は標準的だが，4.5 節の波動は少し程度が高いので，時間がないときは省略してもよい．

4.1 単振動

ばねは伸ばされれば縮もうとし，押し縮めると伸びようとする．一般に自然の長さより x だけ伸びたり縮んだりしていると，その力は x に比例する（**フックの法則**）．その比例定数 k を**ばね定数**とよぶ．

図 4.1 に示したように，水平で滑らかな面上で，質点がばねの一端に結ばれ他端が固定されているとき，運動方程式は

$$m\ddot{x} = -kx \tag{4.1}$$

となる．マイナスがついているのは，図からわかるように，x が正の（伸びている）とき x を小さくするように力が働き，負のとき大きくするように働くためである．これは 2.7 節で考えた**単振動**である（**調和振動**ともいう）．ばねが鉛直に固定点からぶら下がっていても同じ方程式になる．これは読者の宿題にしよう（問題 4.1 参照）．

$$\omega_0^2 = \frac{k}{m} \tag{4.2}$$

とおけば

$$x = A\cos(\omega_0 t + \beta) \tag{4.3}$$

が解となる．これは式 (2.51) の別の書き方であり，やはり二つの未定定数 A, β を含む一般解である．したがって，これは周期運動であり，周期は

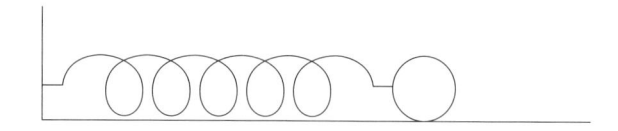

図 4.1 ばねに固定された質点

$$T = 2\pi\sqrt{\frac{m}{k}} \tag{4.4}$$

で与えられる．

式 (4.1) を解く別の方法は指数関数を使うものだ．そのための準備として，いま指数関数 e^x で x が虚数のときを考える．e^x の級数展開

$$e^x = 1 + x + \frac{x^2}{2!} + \frac{x^3}{3!} + \frac{x^4}{4!} + \cdots + \frac{x^n}{n!} + \cdots \tag{4.5}$$

に虚数 $\pm i\alpha$ を代入し $i^2 = -1$ を用いて実部と虚部に分け，三角関数の展開

$$\begin{aligned}\cos\alpha &= 1 - \frac{\alpha^2}{2!} + \frac{\alpha^4}{4!} - \cdots \\ \sin\alpha &= \alpha - \frac{\alpha^3}{3!} + \frac{\alpha^5}{5!} - \cdots\end{aligned} \tag{4.6}$$

と比べれば

$$e^{\pm i\alpha} = \cos\alpha \pm i\sin\alpha \tag{4.7}$$

であることがわかる．これを**オイラーの公式**という．

式 (4.1) を解くため $x = e^{pt}$ を代入してみる．すると

$$p^2 e^{pt} = -\omega_0^2 e^{pt} \tag{4.8}$$

となるから，$p = \pm i\omega_0$ とすればよいことがわかり，式 (4.1) に解が二つあることがわかる．そのどちらをとればよいのだろう？ 実は式 (4.1) に解がいくつかあれば，その和も解になることがすぐにわかるから（方程式が x や $\dot{x}$ の 2 次以上の項を含まない**線形微分方程式**では必ずそうなる），二つの未定定数を含む一般解が

$$x = A_1 e^{i\omega_0 t} + A_2 e^{-i\omega_0 t} \tag{4.9}$$

と求められる.ここで A_1 と A_2 は一般に複素数である.しかし式 (4.9) が実数であるためには $A_1^* = A_2$ という関係が必要で,そのため自由に選べる定数は二つになっている.だから解が二つあってちょうどよかったわけである.式 (4.7) により,これは三角関数の線形結合であって,$A_1 = (A/2)e^{i\beta}$ ととれば式 (4.3) と同じになることがわかる.

いまの場合は何もおおげさに式 (4.7) などを使って式 (4.1) を解くほどのことはないが,以下でやる例はこれがたいへん有力な方法になることがわかる.

3.7 節に従って,式 (4.1) に $\dot{x}$ を掛けて積分しよう.そうすると

$$\frac{1}{2}m\dot{x}^2 + \frac{1}{2}kx^2 = E \tag{4.10}$$

を得る.したがってポテンシャルは

$$V(x) = \frac{1}{2}kx^2 \tag{4.11}$$

となる.式 (4.10) に式 (4.3) を代入すると E は一定値 $(1/2)A^2k$ となる.これを使って周期を一般式 (3.52) から求めることは,読者の宿題としよう(問題 4.2 参照).

4.2 減衰振動(自動ドア)

雨滴の項で説明したように,ばねが空気などの流体に入っているときは速度に比例する抵抗が働く.したがって運動方程式は

$$m\ddot{x} = -kx - 2m\mu\dot{x} \tag{4.12}$$

となる.ここで抵抗の項にマイナスがあるのは,雨滴の項で説明した通りだ.これを解くには,前節のように視察では解がわからないので,指数関数を用いる方法を使おう.

$x = e^{pt}$ を代入して

$$p^2 + 2\mu p + \omega_0^2 = 0 \tag{4.13}$$

を得る.この解は 3 種類に分かれる.

(I) $\omega_0^2 > \mu^2$ のとき,式 (4.13) の解は

$$p = -\mu \pm i\sqrt{\omega_0^2 - \mu^2} \tag{4.14}$$

したがって一般解は，これに定数を掛けて加えたもの

$$x = A_1 e^{-\mu t + i\sqrt{\omega_0^2 - \mu^2}\,t} + A_2 e^{-\mu t - i\sqrt{\omega_0^2 - \mu^2}\,t} \tag{4.15}$$

となる．これが実数であるために

$$A_1 = A_2^* = A e^{i\delta} \tag{4.16}$$

が必要で，二つの実定数 A, δ を含む一般解が得られた．式 (4.16) を式 (4.15) に代入すれば，この解は

$$x = 2A e^{-\mu t} \cos(\sqrt{\omega_0^2 - \mu^2}\,t + \delta) \tag{4.17}$$

となり，振幅が $e^{-\mu t}$ で減衰し，$\omega = \sqrt{\omega_0^2 - \mu^2}$ で振動する解になっている．これを**減衰振動**という．振り子などを振動させておくと，摩擦によって振幅が小さくなるような場合である．図 4.2(a) にその様子を示しておいた．

図 **4.2** (a) 減衰振動と (b) 臨界減衰．破線は (a) では $\pm 2A e^{-\mu t}$，(b) では $C_1 e^{-\mu t}$ を表す．

(II) $\omega_0^2 < \mu^2$ のとき，式 (4.13) の解は二つの実根

$$p = -\mu \pm \sqrt{\mu^2 - \omega_0^2} \tag{4.18}$$

となる．したがって

$$x = B_1 e^{-(\mu + \sqrt{\mu^2 - \omega_0^2})t} + B_2 e^{-(\mu - \sqrt{\mu^2 - \omega_0^2})t} \tag{4.19}$$

が解となる．両方とも減衰だけする解で，**過減衰**とよばれる．抵抗が大きいため式 (4.17) よりずっと速く減衰する部分と，ゆっくり減衰する部分がある．この場合は，振動は起こらず，ただスーッと減衰してしまう．

(III) $\omega_0^2 = \mu^2$ のとき，二つの解は同じもの $p = -\mu$ になってしまう．$x = Ae^{-\mu t}$ の一つだけでは一般解にならない．心配することはない．この A が t に依存するとして，もう一度式 (4.12) に入れると $\ddot{A} = 0$ を得るので

$$x = (C_1 + C_2 t)e^{-\mu t} \tag{4.20}$$

が一般解になることがわかる．これも振動しないでゆっくり減衰するが，減衰の度合は式 (4.17) と同じかゆるやかである．図 4.2(b) にその様子を示してある．自動ドアをゆっくり，しかもピタリと閉めるには，この**臨界減衰**を使うとよい．このような振動は電気回路でも起こる．

4.3 強制振動（地震）

前節の例で，さらに外から強制力 $F(t)$ が加わるものを**強制振動**という．地震のときや，風で揺られるビルディングなどの例だ．方程式は

$$m\ddot{x} + m\omega_0^2 x + 2m\mu\dot{x} = F(t) \tag{4.21}$$

である．簡単のため $F(t)$ を

$$F(t) = F_0 \cos\omega t \tag{4.22}$$

としよう．

この方程式を解くには，まず右辺を 0 とした斉次方程式の解と，何でもよいから式 (4.21) を満たす**特解**を足しておけば解になることに注意する．斉次方程式の解は前節で与えたものと同じで，二つの未定定数を含むから，この解が一般解となる．斉次方程式の解は十分時間がたつと減衰して 0 になるから，いまは特解だけを求めてみよう．式 (4.21) の形から

$$x = A\cos(\omega t - \alpha) \tag{4.23}$$

がそれに近いと思えるので，これを代入すると

$$A[(\omega_0^2 - \omega^2)\cos(\omega t - \alpha) - 2\mu\omega\sin(\omega t - \alpha)] = \frac{F_0}{m}\cos\omega t \tag{4.24}$$

を得る．
図 4.3 に従い

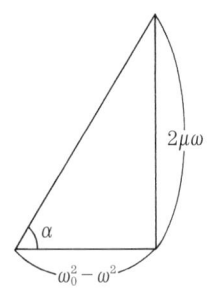

図 4.3　角度の定義

$$\tan\alpha = \frac{2\mu\omega}{\omega_0^2 - \omega^2} \tag{4.25}$$

とすれば，式 (4.24) の左辺は

$$A\sqrt{(\omega_0^2-\omega^2)^2 + 4\mu^2\omega^2}\cos\omega t \tag{4.26}$$

となる．したがって

$$A = \frac{F_0/m}{\sqrt{(\omega_0^2-\omega^2)^2 + 4\mu^2\omega^2}} \tag{4.27}$$

とした式 (4.23) が特解として式 (4.21) を満たすことがわかる．

この解の位相は外力より α だけ遅れる．(4.25) によると，ω が小さいと α も小さいが，

$$\begin{aligned}&\omega = \omega_0 \;\Rightarrow\; \alpha = \pi/2\\&\omega > \omega_0 \;\Rightarrow\; \alpha > \pi/2\\&\omega \to \infty \;\Rightarrow\; \alpha = \pi\end{aligned} \tag{4.28}$$

となって，速い外力には逆の位相になる．ゴムの先におもりをつけて速く振ってみると，ゴムと手が逆向きに動き，位相がちょうど逆になっていることが確かめられるので，やってみるとよい．

振幅の方は $\omega^2 = \omega_0^2 - 2\mu^2$ で最大になる．さらに μ が小さいと A は $\omega \sim \omega_0$ で非常に大きくなる．これを**共振**（音を伴うときは**共鳴**）といい，ω_0 のことをその**固有振動数**という．地震の振動数が建物の固有振動数と一致したらたいへんで，どんなに頑丈な建物も壊れてしまう．強風のために橋が壊れることもときどきある．

4.4 連成振動

図 4.4 のように三つのばねで結ばれた二つの質量 m の質点を考える．ばね定数を左右のものは k，真ん中のものは k' とすれば，質点のつりあいの位置からのずれ x_1, x_2 に対する運動方程式は

$$m\ddot{x}_1 = -kx_1 + k'(x_2 - x_1), \qquad m\ddot{x}_2 = -kx_2 - k'(x_2 - x_1) \tag{4.29}$$

である．これは二つの連立微分方程式になっている．これを解くには，このように二つの変数が混ざったままでは解けないので，これらを二つの独立な変数に対する独立な方程式に変換するのがよい．それには x_1 と x_2 の線形結合で，独立になるものを探す．

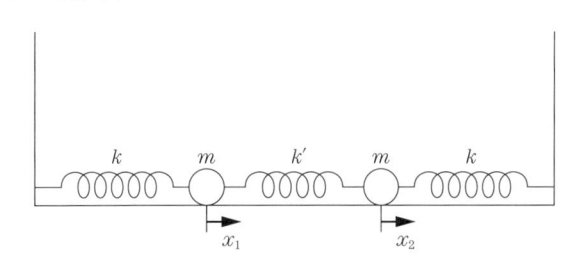

図 **4.4** 2 質点の連成振動

まず $x_1 + px_2$ の満たす方程式をつくると

$$m(\ddot{x}_1 + p\ddot{x}_2) = -k(x_1 + px_2) + k'[(p-1)x_1 + (1-p)x_2] \tag{4.30}$$

となるから，これが $x_1 + px_2$ だけを含む式となるには最後の項が同じ形をしていればよい．したがって

$$1 : p = (p-1) : (1-p) \tag{4.31}$$

と選べばよい．これから

$$p^2 = 1, \quad \text{すなわち} \quad p = \pm 1 \tag{4.32}$$

このとき式 (4.30) は

$$\begin{aligned} m(\ddot{x}_1 + \ddot{x}_2) &= -k(x_1 + x_2) \\ m(\ddot{x}_1 - \ddot{x}_2) &= -(k + 2k')(x_1 - x_2) \end{aligned} \tag{4.33}$$

となり，たしかに分離した方程式が得られる．
そこで

$$Q_\pm \equiv \frac{x_1 \pm x_2}{\sqrt{2}} \tag{4.34}$$

とおけば，方程式は

$$\ddot{Q}_\pm = -\omega_\pm^2 Q_\pm \tag{4.35}$$

と，4.1 節で詳しく調べた独立な調和振動子となる．ここで

$$\omega_\pm^2 \equiv \begin{cases} k/m \\ (k+2k')/m \end{cases} \tag{4.36}$$

である．したがって解は

$$Q_\pm = A_\pm \cos(\omega_\pm t + \alpha_\pm) \tag{4.37}$$

となる．これらの $Q_\pm$ および $\omega_\pm$ は，それぞれ**基準座標**および**基準振動**とよばれる．

これを使えば元の x_1 と x_2 に対する解は

$$\begin{aligned} x_1 &= \frac{A_+}{\sqrt{2}} \cos(\omega_+ + \alpha_+) + \frac{A_-}{\sqrt{2}} \cos(\omega_- + \alpha_-) \\ x_2 &= \frac{A_+}{\sqrt{2}} \cos(\omega_+ + \alpha_+) - \frac{A_-}{\sqrt{2}} \cos(\omega_- + \alpha_-) \end{aligned} \tag{4.38}$$

と求められる．

系の運動エネルギー K と位置エネルギー V は，式 (4.35) を代入すれば

$$\begin{aligned} K &= \frac{1}{2}m\dot{x}_1^2 + \frac{1}{2}m\dot{x}_2^2 = \frac{1}{2}m\dot{Q}_+^2 + \frac{1}{2}m\dot{Q}_-^2 \\ V &= \frac{1}{2}kx_1^2 + \frac{1}{2}kx_2^2 + \frac{1}{2}k'(x_1-x_2)^2 = \frac{1}{2}kQ_+^2 + \frac{1}{2}(k+2k')Q_-^2 \end{aligned} \tag{4.39}$$

となることがわかる．ポテンシャルエネルギーの中に，異なる座標の積がなくなっていることに注意しよう．このように，基準座標は，単に運動方程式が独立になるだけではなく，エネルギーについてもまったく独立になっている．

さて，振動の具体的な例として初期条件

$$t = 0 \text{ で} \quad x_1 = a, \quad x_2 = \dot{x}_1 = \dot{x}_2 = 0 \tag{4.40}$$

をおいてみよう．このとき

$$\begin{aligned}
x_1 &= \frac{a}{2}(\cos\omega_+ t + \cos\omega_- t) \\
&= a\cos\left(\frac{\omega_+ - \omega_-}{2}t\right)\cos\left(\frac{\omega_+ + \omega_-}{2}t\right) \\
x_2 &= \frac{a}{2}(\cos\omega_+ t - \cos\omega_- t) \\
&= -a\sin\left(\frac{\omega_+ - \omega_-}{2}t\right)\sin\left(\frac{\omega_+ + \omega_-}{2}t\right)
\end{aligned} \tag{4.41}$$

を得る．$\omega_\pm$ が近いとき，これらの解は図 4.5 のように振動する．一方が小さくなれば他方が大きくなり，エネルギーをやりとりしながら保存している（問題 4.12 参照）．これは二つの波の干渉によるうなりの現象である．式 (4.41) より，うなりの 1 秒間における回数は振動数の差になることがわかる．

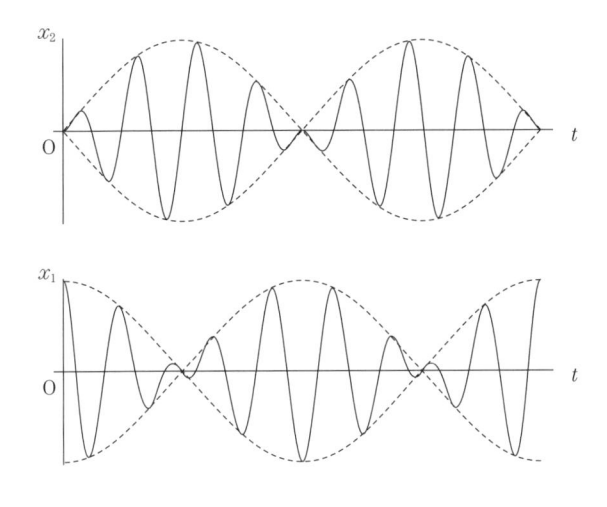

図 **4.5** 振幅の変化

4.5 波動

4.5.1 波動方程式

　川の表面などには小波がたつ．波動現象の簡単な例として，これを物理学の目で取り扱うとどうなるかを考えよう．それにはこのような波をどのように式で表すかが問題となる．

　簡単のため，ここではそのような波が 1 次元 x 軸方向にしか動かない場合を考える．さて波の特性はそれが時間とともに進むことにある．いまある時間 $t=0$ での波の形が $y=f(x)$ で与えられているとしよう．y は上下の座標を表す．それが速度 v で動くということがどういうふうに表せるかが問題だ．時間 t がたてば，これが別の位置に vt だけずれているはずだから，図 4.6 からわかるように，そのときの波形は $f(x-vt)$ になっているはずだ．よく観察してみると，波は一方向だけではなく反対の方向へも進んでいく．川の波を思い出してみよう．その方向へ進む波は反対方向へ進む波と同じ形である必要はないから，波の形は

$$y = f(x-vt) + g(x+vt) \tag{4.42}$$

と書けるはずだ．

　そこでこの波が満たす微分方程式は何かを見よう．まずこれを x, t で偏微分[*1]してみると

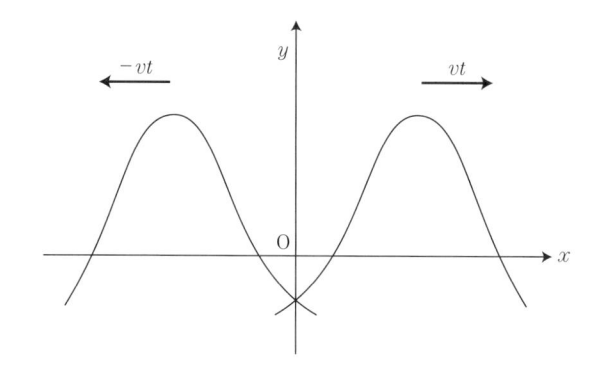

図 4.6　波形の移動

[*1] すなわち，x で微分するときは t は定数と思って微分し，t で微分するときは x を定数と思って微分する．

$$\frac{\partial y}{\partial x} = f'(x-vt) + g'(x+vt)$$
$$\frac{\partial y}{\partial t} = -vf'(x-vt) + vg'(x+vt) \tag{4.43}$$

ここで ′ は中味での微分を表す．これらは簡単な関係を満たさないから，もう一度微分してやると

$$\frac{\partial^2 y}{\partial x^2} = f''(x-vt) + g''(x+vt)$$
$$\frac{\partial^2 y}{\partial t^2} = v^2 f''(x-vt) + v^2 g''(x+vt) \tag{4.44}$$

となるから，これらが

$$\frac{\partial^2 y}{\partial t^2} = v^2 \frac{\partial^2 y}{\partial x^2} \tag{4.45}$$

という簡単な関係を満たしていることがわかる．

この方程式 (4.45) は (4.42) という波動の解をもつので，**波動方程式**とよばれる．

4.5.2 弦を伝わる波

ここではこのような波動方程式が実際の波で成り立つかという問題を考えよう．張力 S で張られた一様な弦の単位長さの質量を σ として，これを伝わる横波を考える．変位は小さく，弦は伸びないものとする．図 4.7 から QQ′ の部分の運動方程式は

$$(\sigma dx)\frac{\partial^2 y}{\partial t^2} = S(\sin\theta' - \sin\theta) \tag{4.46}$$

となる．θ は小さいから

$$\sin\theta \sim \tan\theta = \frac{\partial y}{\partial x} \tag{4.47}$$

と近似できる．したがって

$$\sin\theta' - \sin\theta = \left(\frac{\partial y}{\partial x}\right)_{x+dx} - \left(\frac{\partial y}{\partial x}\right)_x = \frac{\partial^2 y}{\partial x^2}dx \tag{4.48}$$

ここで dx について展開し，その高次の項を落とした．これを式 (4.46) に代入して，σdx で割れば

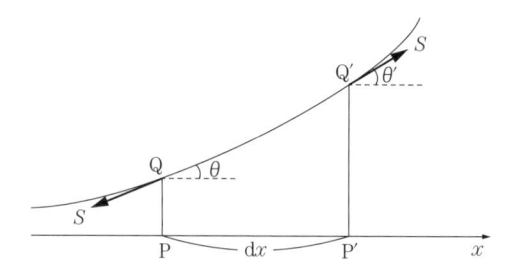

図 **4.7** 弦の振動．縦軸は変位を表す．

$$\frac{\partial^2 y}{\partial t^2} = \frac{S}{\sigma}\frac{\partial^2 y}{\partial x^2} \tag{4.49}$$

を得る．こうして波動方程式が得られ，しかもその波の速さが

$$v = \sqrt{\frac{S}{\sigma}} \tag{4.50}$$

となることがわかった．

いまこの解を

$$y(x,t) = Y(x)\cos(\omega t + \alpha) \tag{4.51}$$

としてみると，式 (4.49) を満たすためには，代入して

$$Y(x) = C\sin\left(\sqrt{\frac{\sigma}{S}}\omega x + \beta\right) \tag{4.52}$$

であればよいことがわかる．これが $0 \leq x \leq L$ に閉じ込められている波のとき，$Y(0) = Y(L) = 0$ でなければならないから

$$\beta = 0, \quad \sin\left(\sqrt{\frac{\sigma}{S}}\omega L\right) = 0 \tag{4.53}$$

したがって n を整数として

$$\omega = \frac{n\pi}{L}\sqrt{\frac{S}{\sigma}} \tag{4.54}$$

を得る．

4.5.3 音波

私たちがよく知っている波としては,空気中を伝わる音波がある.これはいま考えた横波ではなくて,実は縦波になっている.空気が横向きにずれてもそれを引き戻す力はないから,前節のような横波はできないのだ.その代わり,空気の密度が急速に変わることによって生ずる振動が縦波として伝わっていく.

図 4.8 のように,空気または弾性体のつりあいの位置からのずれを,x の位置で y とすれば,$x + \mathrm{d}x$ では

$$y_{x+\mathrm{d}x} = y + \frac{\partial y}{\partial x}\mathrm{d}x \tag{4.55}$$

となるから,この部分の伸びは単位長さあたり $\partial y/\partial x$ である.したがって,これが伸びようとする力は,**ヤング率** E を用いて単位断面あたり

$$f = E\frac{\partial y}{\partial x} \tag{4.56}$$

となる.この点 P′ と点 Q′ での差

$$f_{x+\mathrm{d}x} - f_x = E\frac{\partial^2 y}{\partial x^2}\mathrm{d}x \tag{4.57}$$

がこの部分に実際働く力となるから,運動方程式は

$$(\rho S\mathrm{d}x)\frac{\partial^2 y}{\partial t^2} = E\frac{\partial^2 y}{\partial x^2}\mathrm{d}xS \tag{4.58}$$

ただし ρ は空気または弾性体の密度である.したがって

$$\frac{\partial^2 y}{\partial t^2} = \frac{E}{\rho}\frac{\partial^2 y}{\partial x^2} \tag{4.59}$$

を得る.これから

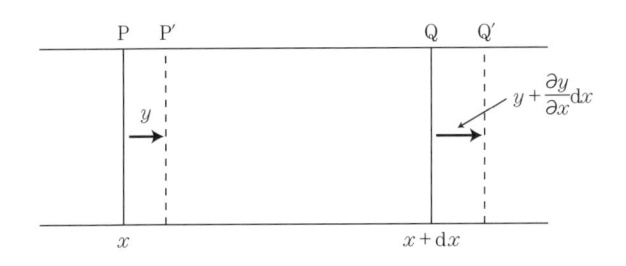

図 **4.8** 空気または弾性体の振動

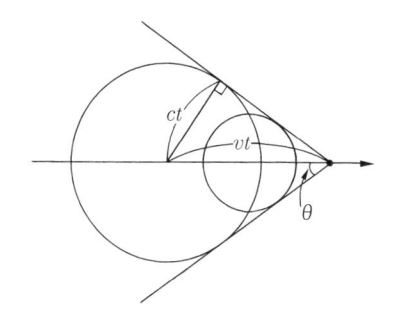

図 4.9　衝撃波

$$v = \sqrt{\frac{E}{\rho}} \tag{4.60}$$

を得る．

空気の場合，E は**体積弾性率**

$$K = \frac{dP}{-dV/V} = -V\frac{dP}{dV} \tag{4.61}$$

で与えられるが，断熱的過程と考えてよいから $PV^\gamma =$ 一定 が成り立つ．したがって

$$K = \gamma P \tag{4.62}$$

となるので

$$v = \sqrt{\frac{\gamma P}{\rho}} \tag{4.63}$$

を得る．例えば，0°C，1気圧で，$\rho = 0.001293\,\text{g·cm}^{-3}$，$\gamma = 1.40$ として

$$v = 331.5 \quad (\text{m·s}^{-1}) \tag{4.64}$$

を得る．

衝撃波

音源が音速 c よりも速く，速さ v で動くとき，図 4.9 のように音波の波面は音源を頂点とする円錐面となる．これは大きなエネルギーをもち，物に大きな衝撃を与える．これは戦闘機が音速を超えると，その衝撃波が地上に来ること

で知られている．この円錐面の頂角を 2θ とすれば，図から $\sin\theta = c/v$ が成り立つ．

4.5.4 定常波

正弦波が二つの媒質の境界で反射されると，入射波と反射波が重なる．そのときの波形がどうなるかを調べよう．

いま x 軸の原点 $x = 0$ に境界があって，そこで波が反射されるとする．このとき x 軸に沿って右に行く波と左に行く波はそれぞれ

$$y_1 = A\sin(kx - \omega t), \qquad y_2 = A\sin(kx + \omega t) \tag{4.65}$$

と表される．したがって合成した波は

$$y = y_1 + y_2 = 2A\sin kx \cos\omega t \tag{4.66}$$

となる．

これは $x = (\pi/k)n$ (n：整数) で 0 になる．つまり，この波には時間によらず常に変位が 0 のところがあり，波全体は右にも左にも移動しないことを示している．これを**定常波**という．

弦の波が $x = 0$ と L の間に閉じ込められているときは

$$y(0) = y(L) = 0 \tag{4.67}$$

を満たす．これを**ディリクレ（Dirichlet）境界条件**または**固定端条件**という．このとき波数は

$$k = \frac{\pi}{L}n \qquad (n：正の整数) \tag{4.68}$$

ととびとびの値をとることになる．ここで n が正と負の場合は同じ波を表すので，正だけに限られることに注意しよう．これはちょうど 4.5.2 項で考えた場合だ．

したがって両端を固定した弦に生じる**固有振動**の波長 λ_n と振動数 f_n は

$$\lambda_n = \frac{2\pi}{k} = \frac{2L}{n}, \qquad f_n = \frac{v}{\lambda_n} = \frac{n}{2L}\sqrt{\frac{S}{\sigma}} \tag{4.69}$$

で与えられる．$n = 1$ のものを**基本振動**，その音を**基本音**，$n = 2$ のものを **2 倍振動**，**2 倍音**などという．

これに対し水の波などは図 4.10 のように

$$y'(0) = y'(L) = 0 \tag{4.70}$$

という条件を満たす．これを**ノイマン（Neumann）境界条件**または**自由端条件**という．このときは式 (4.66) の sin が cos になり，やはり波数はとびとびの値 (4.68) になる．

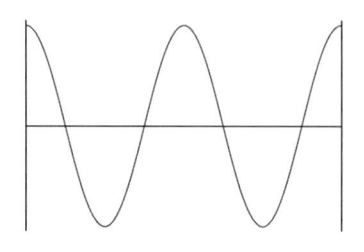

図 4.10 水の波

問　題

4.1 ばねが鉛直にぶら下がっているとき，平衡の位置からのずれを x とすれば運動方程式は式 (4.1) になることを示せ．

4.2 問題 4.1 のばねの運動の周期を式 (3.52) から求めよ．

4.3 弓で矢を引くとき，70 cm 引いたら 20 kg の物をもっているのと同じ力がいった．ばねと同じとして，ばね定数はいくらか？矢の質量が 30 g だと，矢はどれだけの速さで飛ぶか？

4.4 図 4.11 のような形状をもつ固定された台 C の水平面となす角 30° の滑らかな斜面上に，質量 M の物体 A と質量 m の小物体 B をばねでつなぎ，A を斜面最下端の壁面に密着させるように置いた．物体 A，B およびばねは斜面の最大傾斜方向に一致する同一平面内で運動し，ばねの質量は無視できるものとする．また，ばね定数を k，重力加速度の大きさを g とする．以下の問に答えよ．
(a) 小物体 B を静かに置いたところ，ばねの長さが自然長より l_0 だけ縮んだ位置で静止した．このことからばね定数 k を求めよ．
(b) 次に，静止している B の位置を点 O として，B を点 O から l_1 だけばねを縮める方向に移動した．このとき自然長を基準として，ばねに蓄えられた弾性エネルギーはいくらか．
(c) B から静かに手を放したところ B は斜面上方に動き出した．点 O を通過するときの速さを求めよ．その後 B はこの振動運動の最上点に達したが，このとき物体 A は台 C の壁面から離れることはなかった．B の達した最上点の点 O から斜面に沿った距離を求めよ．また，点 O を原点として，斜面に

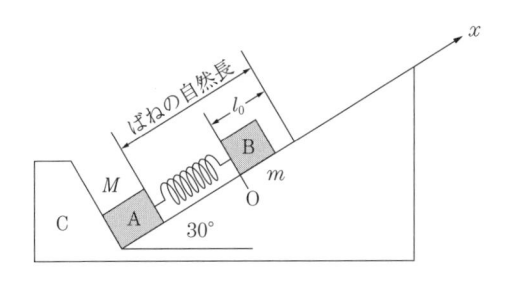

沿って x 軸をとり，斜面上方を x の正方向とする．このとき，B の運動方程式を与え，B が点 O から最上点までに要する時間を求めよ．
(d) 次に B の運動により A が壁面から離れる条件を考える．B を点 O から下方に距離 l_2 だけ移動させ静かに手を放した．B が最上点に達したときのばねが A を引く力を f とすれば，重力により A が壁面を押す力より f が大きければよい．A が壁面から離れるための条件を求めよ．

4.5 質量 m の小物体が壁に固定されたばね定数 k のばねに，速度 v_0 で衝突した後，逆方向に同じ速さではね返された．図は衝突直前のばねと小物体の様子を表したものである．図についてばねの自然長の位置 x は $x = 0$ とし左向きを正とする．この運動の間の小物体の運動方程式は，$m(\mathrm{d}^2x/\mathrm{d}t^2) = -kx$ と書ける．小物体がばねに衝突し始めたときの時刻を $t = 0$，そのとき $x(0) = 0$，$(\mathrm{d}x/\mathrm{d}t)(0) = v_0$ とする．

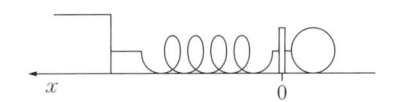

(a) ばねが最も縮んだときのばねの位置を v_0, k, m を用いて求めよ．
(b) 運動方程式の解の形を $x(t) = A\sin(\omega t + \phi)$ として，この解が運動方程式および初期条件を満たすような A, ϕ, ω を求めよ．ただし $A > 0, \omega > 0, -\pi < \phi \leq \pi$ とする．
(c) 物体の衝突前後での運動量の変化を求めよ．
(d) 物体がばねから受ける力を積分することにより，この間に物体がばねから受ける力積の大きさと方向を求めよ．

4.6 原点 O からの距離に比例し，原点を向いた力 $\boldsymbol{F} = -k\boldsymbol{r}$ が働く平面内で，原点から距離 a の x 軸上の点 A から質量 m の質点を OA 方向と垂直に速度 v_0 で放出する．この運動の軌跡を求めよ．

4.7 質量 m_1, m_2 の 2 個の質点 P と Q がばねで結ばれている系を考える．両端の質点の自然長からの変位を x_1, x_2 とし，ばねの力はフックの法則に従うとする．重心系における運動方程式を求め，質点の変位を時間の関数として示せ．ただし，ばね定数を k とする．

4.8 4.2 節の場合で力学的エネルギーの変化を求めよ．

4.9 1 m の幅の自動ドアが 5 cm まで閉まったら，閉まったと見なすことにしよう．ドアが 3 秒で閉まるにはどうしたらよいか？

4.10 4.3 節の場合に外力のする仕事の時間についての平均を求めよ．

4.11 4.3 節の場合に抵抗によるエネルギーの消費と外力のする仕事がつりあうことを示せ．

4.12 式 (4.41) の解を式 (4.39) に入れて，エネルギーが保存していることを確かめよ．

4.13 式 (4.59) の解が $y = A\cos(kx - \omega t)$ のとき，エネルギー密度の時間についての平均値 $(1/2)\langle \rho \dot{y}^2 + E(\partial y/\partial x)^2 \rangle$ はどうなるか？ 速度 (4.60) と k, ω の関係を用いて，結果を A, ρ, ω を用いて表せ．

4.14 空気を理想気体としてその状態方程式を使えば，音速 (4.63) は温度だけにより，気圧に無関係なことを示せ．また，摂氏温度 t があまり高くないとき，近似的に $v = (331.5 + 0.61t)$ m/s となることを示せ．

4.15 長さ 50 cm，質量 5 g のピアノ線が 50 kg のおもりで張ってある．基本振動数はいくらか？ 音速を 340 m/s とする．

4.16 衝撃波の頂角が $\theta = 30°$ のとき，音源の速さは？ $c = 340$ m とする．

5 運動座標系

いままで運動を考えるときは，常に慣性の法則の成り立つ慣性系で考えてきた．しかし，動いている電車に乗っている人にとってはこれでは不便だ．電車の上で運動を考える方がずっと便利だということになる．座標系を変えた見方，あるいは**座標変換**というのは，物理学において基本的でありとても重要である．そこでここでは，慣性系に対して運動している座標系で見ると，運動の法則がどのように変わって見えるかを考える．慣性系に対して等速度で動く座標系はやはり慣性系で，これは変化しない．そこで加速度をもって動く場合を考える．また回転している地球に乗っているわれわれにとって特に重要なのは，回転している場合だ．これを順に考えよう．

ここでは 5.4 節は時間がなければ省略してよい．

5.1 慣性力

まず，座標系が慣性系に対して加速度をもって平行移動している場合を考えよう．

図 5.1 のように慣性系の座標を r とし，それに対し運動している座標系の原点の位置を r_0，その座標系での質点の位置を r' で表すと

$$r = r_0 + r' \tag{5.1}$$

が成り立つ．これを時間で微分すれば

$$\dot{r} = \dot{r}_0 + \dot{r}' \tag{5.2}$$

という速度の合成則を得る．

さらにもう一度微分すれば

$$\ddot{r} = \ddot{r}_0 + \ddot{r}' \tag{5.3}$$

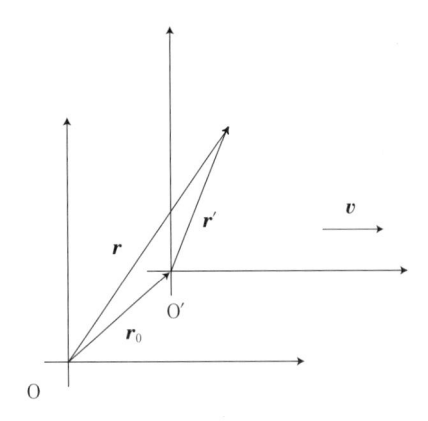

図 5.1　慣性系と運動系

を得る．これから次のことがいえる．

(1) **ガリレイの相対性原理**

もし運動座標系が加速度をもっていなければ $\ddot{\boldsymbol{r}}_0 = 0$，したがって $\ddot{\boldsymbol{r}} = \ddot{\boldsymbol{r}}'$ となり，運動座標系も慣性系となる．このときどの慣性系で見ても運動方程式は同じ形をしている．現代風にいえば，力学の法則はどの慣性系でも同じで，それらを区別する理由はなにもない．これを**ガリレイの相対性原理**という[*1]．

(2) **慣性力**

もし $\ddot{\boldsymbol{r}}_0 \neq 0$ ならば動いている座標系は非慣性系となる．運動方程式 $m\ddot{\boldsymbol{r}} = \boldsymbol{F}$ を使えば，非慣性系での運動方程式は

$$m\ddot{\boldsymbol{r}}' = \boldsymbol{F} - m\ddot{\boldsymbol{r}}_0 \tag{5.4}$$

となる．この右辺第2項は慣性系ではない項であり，余分に加わる力と見なすことができる．これを**慣性力**という．電車が動き出したとき，後ろに引っ張られるように感じるのはこの力のせいである．

[*1] これは後にアインシュタインの相対性原理におき換わる（第9章）．

5.2 回転座標系

私たちの乗っている地球は，ある軸のまわりに回転している．座標系が回転しているときの運動はどうなるだろうか？

いま図 5.2 のように回転軸に垂直な平面内に x, y 平面をとり，それが慣性系であるとしよう．これに対し，角速度 ω で回っている座標系を x', y' とする．この両者の関係を求めるには，図からそれぞれの座標系の単位ベクトルの間に

$$\begin{aligned} \boldsymbol{e}'_x &= \boldsymbol{e}_x \cos\omega t + \boldsymbol{e}_y \sin\omega t \\ \boldsymbol{e}'_y &= -\boldsymbol{e}_x \sin\omega t + \boldsymbol{e}_y \cos\omega t \end{aligned} \tag{5.5}$$

の関係があることに注意する．$\boldsymbol{r} = x\boldsymbol{e}_x + y\boldsymbol{e}_y = x'\boldsymbol{e}'_x + y'\boldsymbol{e}'_y$ より

$$\begin{aligned} x &= x' \cos\omega t - y' \sin\omega t \\ y &= x' \sin\omega t + y' \cos\omega t \end{aligned} \tag{5.6}$$

を得る．これを時間で微分すれば

$$\begin{aligned} \dot{x} &= (\dot{x}' - y'\omega) \cos\omega t - (x'\omega + \dot{y}') \sin\omega t \\ \dot{y} &= (\dot{x}' - y'\omega) \sin\omega t + (x'\omega + \dot{y}') \cos\omega t \end{aligned} \tag{5.7}$$

もう一度微分して

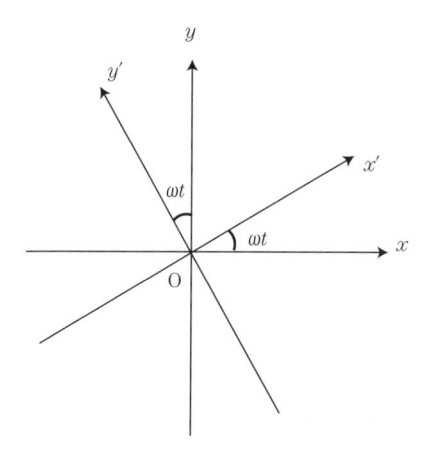

図 **5.2** 回転系

$$\ddot{x} = (\ddot{x}' - 2\omega\dot{y}' - \omega^2 x')\cos\omega t - (\ddot{y}' + 2\omega\dot{x}' - \omega^2 y')\sin\omega t$$
$$\ddot{y} = (\ddot{x}' - 2\omega\dot{y}' - \omega^2 x')\sin\omega t + (\ddot{y}' + 2\omega\dot{x}' - \omega^2 y')\cos\omega t \tag{5.8}$$

を得る．

これを慣性系で見た加速度 $\boldsymbol{\alpha}$ の関係式と見る．式 (5.6) と同じ関係

$$\alpha_x = \alpha_{x'}\cos\omega t - \alpha_{y'}\sin\omega t$$
$$\alpha_y = \alpha_{x'}\sin\omega t + \alpha_{y'}\cos\omega t \tag{5.9}$$

と比べて

$$\alpha_{x'} = \ddot{x}' - 2\omega\dot{y}' - \omega^2 x'$$
$$\alpha_{y'} = \ddot{y}' + 2\omega\dot{x}' - \omega^2 y' \tag{5.10}$$

を得る．$\alpha_{x'}, \alpha_{y'}$ は慣性系での x', y' 方向の加速度成分であることに注意せよ．慣性系での加速度 $\boldsymbol{\alpha}$ は $\boldsymbol{F} = m\boldsymbol{\alpha}$ を満たすから

$$F_{x'} = m\ddot{x}' - 2m\omega\dot{y}' - m\omega^2 x'$$
$$F_{y'} = m\ddot{y}' + 2m\omega\dot{x}' - m\omega^2 y' \tag{5.11}$$

右辺の後ろ2項を移項すれば，回転系での運動方程式

$$m\ddot{x}' = F_{x'} + 2m\omega\dot{y}' + m\omega^2 x'$$
$$m\ddot{y}' = F_{y'} - 2m\omega\dot{x}' + m\omega^2 y' \tag{5.12}$$

を得る．

右辺は2種類の仮想的な力を含む．第2項目は図5.3(a) に示したように大きさ $2m\omega\sqrt{\dot{y}'^2 + \dot{x}'^2} = 2m\omega v'$，すなわち速さ v' に比例し，$\boldsymbol{v}'$ に垂直な慣性力であり，**コリオリ (Coriolis) の力**とよばれる．これは座標系の回る向きと反対に回そうとする力である．

回転軸方向に向き，大きさが ω のベクトルを**角速度ベクトル**とよび，そのまま $\boldsymbol{\omega}$ で表す．図5.3(a) からわかるように，これは

$$-2m\boldsymbol{\omega} \times \boldsymbol{v}' \tag{5.13}$$

と書ける．ここでは式 (5.13) は $\boldsymbol{\omega}$ と z 軸が同じ方向の場合に導いたが，そうでなくても，すでに見たようにコリオリ力は回転軸と速度に直交し，それらが直交する場合は大きさが $2m\omega v'$ であることを考慮すれば，一般に式 (5.13) で与

えられることがわかる[*2]．したがって図 5.3(b) のように北半球で台風に吹き込む風は，常に右に右にという力を受け右にそれる．台風が左渦巻になるのはこのためだ．南半球では逆になる．このため風はいつでも横向きの力を受け，長い時間かかっても中心に吹き込まず台風が長生きすることになる．

第3項目は $m\omega^2 r'$ と書け，遠心力である．回転系で同じ点にとめておくには回転させるときに中心に引っ張る求心力が必要で，回転系で見れば中心に引っ張ってとめておく力が必要に見えるというわけだ．

これがどのくらいの大きさかというと，地球の自転の角速度は $\omega = 2\pi/(24 \times 60^2) = 7.3 \times 10^{-5} \text{ s}^{-1}$，半径は $R = 6.4 \times 10^6$ m だから，赤道上では遠心力

[*2] 式による導出は以下のようになる．回転している座標系に固定された量を $'$ をつけて表せば，図 7.10 に示したように，任意ベクトル $\boldsymbol{A}$ は，時間 dt の間に角速度ベクトル $\boldsymbol{\omega}$ のまわりに $|\boldsymbol{A}|\sin\theta\,\omega dt$ (θ は $\boldsymbol{A}$ と $\boldsymbol{\omega}$ のなす角) だけ回る．これをベクトルで表せば $d\boldsymbol{A} = \boldsymbol{\omega} \times \boldsymbol{A} dt$ となるので，その時間変化は

$$\dot{\boldsymbol{A}} = \boldsymbol{\omega} \times \boldsymbol{A}$$

となる．これは特に，回転系に固定した単位ベクトル $\boldsymbol{e}'_x, \boldsymbol{e}'_y, \boldsymbol{e}'_z$ の時間変化が

$$\dot{\boldsymbol{e}}'_x = \boldsymbol{\omega} \times \boldsymbol{e}'_x, \quad \dot{\boldsymbol{e}}'_y = \boldsymbol{\omega} \times \boldsymbol{e}'_y, \quad \dot{\boldsymbol{e}}'_z = \boldsymbol{\omega} \times \boldsymbol{e}'_z$$

となることを示している．そこで考えている質点の座標が

$$\boldsymbol{r} = \boldsymbol{r}' = x'\boldsymbol{e}'_x + y'\boldsymbol{e}'_y + z'\boldsymbol{e}'_z$$

で与えられることを思い出せば，

$$\begin{aligned}\dot{\boldsymbol{r}} &= \dot{x}'\boldsymbol{e}'_x + \dot{y}'\boldsymbol{e}'_y + \dot{z}'\boldsymbol{e}'_z + x'\boldsymbol{\omega} \times \boldsymbol{e}'_x + y'\boldsymbol{\omega} \times \boldsymbol{e}'_y + z'\boldsymbol{\omega} \times \boldsymbol{e}'_z \\ &= \boldsymbol{v}' + \boldsymbol{\omega} \times \boldsymbol{r}'\end{aligned}$$

を得る．右辺第 1 項は回転座標系が動いているための速度を，第 2 項は回転しているための速度を表す．これをさらにもう一度微分すれば

$$\begin{aligned}\ddot{\boldsymbol{r}} &= \ddot{x}'\boldsymbol{e}'_x + \ddot{y}'\boldsymbol{e}'_y + \ddot{z}'\boldsymbol{e}'_z + 2(\dot{x}'\boldsymbol{\omega} \times \boldsymbol{e}'_x + \dot{y}'\boldsymbol{\omega} \times \boldsymbol{e}'_y + \dot{z}'\boldsymbol{\omega} \times \boldsymbol{e}'_z) + x'\dot{\boldsymbol{\omega}} \times \boldsymbol{e}'_x \\ &\quad + y'\dot{\boldsymbol{\omega}} \times \boldsymbol{e}'_y + z'\dot{\boldsymbol{\omega}} \times \boldsymbol{e}'_z + x'\boldsymbol{\omega} \times (\boldsymbol{\omega} \times \boldsymbol{e}'_x) + y'\boldsymbol{\omega} \times (\boldsymbol{\omega} \times \boldsymbol{e}'_y) \\ &\quad + z'\boldsymbol{\omega} \times (\boldsymbol{\omega} \times \boldsymbol{e}'_z) \\ &= \boldsymbol{\alpha}' + 2\boldsymbol{\omega} \times \boldsymbol{v}' + \dot{\boldsymbol{\omega}} \times \boldsymbol{v}' + \boldsymbol{\omega} \times (\boldsymbol{\omega} \times \boldsymbol{r}')\end{aligned}$$

を得る．これに m を掛けて，元の座標系での運動方程式に代入して

$$m\boldsymbol{\alpha}' = \boldsymbol{F} - 2m\boldsymbol{\omega} \times \boldsymbol{v}' - m\dot{\boldsymbol{\omega}} \times \boldsymbol{v}' - m\boldsymbol{\omega} \times (\boldsymbol{\omega} \times \boldsymbol{r}')$$

を得る．これが一般の場合の方程式で，右辺第 2 項目がコリオリ力，最後の項が遠心力だ．$\boldsymbol{\omega}$ が時間によらないとすれば，式 (5.13) を与える．

76   5 運動座標系

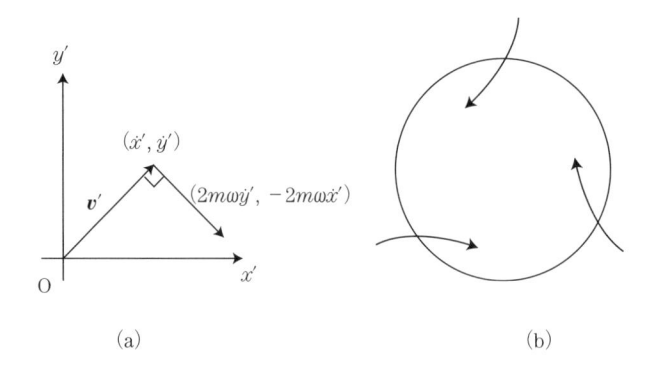

図 5.3 コリオリ力と台風

は $R\omega^2 \sim 3.4 \times 10^{-2}$ m/s^2 となり，重力加速度 $g = 9.8$ m/s^2 の 1/300 程度となる．これに対し，コリオリ力は速度に比例し，一般には遠心力よりも弱い．地球表面と同じ程度の速度で動いているとして $[v' \sim R\omega$（これは音速を超える）$]$，初めて遠心力と同程度になる．緯度が上がればさらにこれは弱まる．電車に乗っていてカーブにさしかかってもコリオリ力を感じないのは，私たちが電車に対してほとんど運動していないためである．

5.3　フーコー振り子

コリオリの力を実際に地球の自転に対し測定するには，どうしたらよいか？その一つの方法は，フーコー（**Foucault**）振り子を使うものだ．いま長さ l の糸に質点をつけ最下点のまわりに微小振動させる．振動が微小なので鉛直 z 方向の運動は無視できる．そこで，水平な x–y 平面内へ射影して考えよう．重力の効果は図 5.4(a) に示したように，質点を最下点に向かわせる力となり，ほかの成分は糸の張力とつりあう．

ここで忘れてはいけないのは，地球が自転しているために，もう一つの力としてコリオリ力が働くことである．いま図 5.4(b) のように y 軸を北向きにとると，角速度ベクトルは緯度 α のとき

$$\boldsymbol{\omega} = \omega \cos\alpha \boldsymbol{e}_y + \omega \sin\alpha \boldsymbol{e}_z \tag{5.14}$$

となるので，式 (5.13) によって

5.3 フーコー振り子

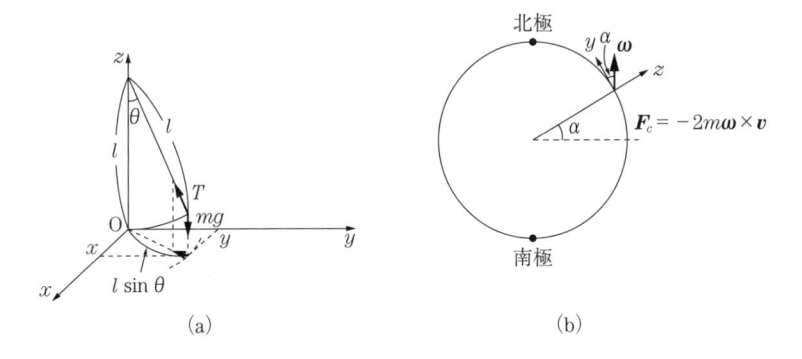

図 5.4 (a) フーコー振り子と (b) フーコー振り子に働く力

$$\boldsymbol{F}_c = -2m\boldsymbol{\omega} \times \boldsymbol{v}$$
$$= (2m\omega(v_y \sin\alpha - v_z \cos\alpha), -2m\omega v_x \sin\alpha, 2m\omega v_x \cos\alpha) \quad (5.15)$$

となる. したがって v_z を無視して $\omega' \equiv \omega \sin\alpha$ とすれば, 図 5.4(a) より運動方程式は

$$m\ddot{x} = -T\sin\theta \frac{x}{l\sin\theta} + 2m\omega'\dot{y}$$
$$m\ddot{y} = -T\sin\theta \frac{y}{l\sin\theta} - 2m\omega'\dot{x} \quad (5.16)$$
$$0 = T\cos\theta - mg + 2m\omega\dot{x}\cos\alpha$$

となる. θ が小さいとき, $\cos\theta \simeq 1$ となるので, 式 (5.16) の第 3 式により $T = mg - 2m\omega\cos\alpha\dot{x}$ となる. そこで

$$\omega_0^2 \equiv \frac{g}{l} \quad (5.17)$$

とおけば, 式 (5.16) は

$$\ddot{x} = -\omega_0^2 x + 2\omega'\dot{y}, \qquad \ddot{y} = -\omega_0^2 y - 2\omega'\dot{x} \quad (5.18)$$

となる. ただし, ここでも微小振動を考えているから, x も $\dot{x}$ も小さいので, その積は無視した. これを解くには複素数 $z \equiv x + iy$ を使うのが便利だ. z を用いると式 (5.18) は

$$\ddot{z} = -\omega_0^2 z - 2\omega'i\dot{z} \quad (5.19)$$

と書ける．ここでさらに

$$z = e^{-i\omega' t} z' \tag{5.20}$$

とおけば，この式はさらに簡単になる．この式の意味は，z に対し角速度 $-\omega'$ で回転する座標系をとっていることに相当する．式 (5.19) は

$$\ddot{z}' = -(\omega_0^2 + \omega'^2) z' \tag{5.21}$$

となる．これは角振動数 $\sqrt{\omega_0^2 + \omega'^2}$ の単振動だ！ x も y も，この角振動数の単振動をする．ただし振動の軸が $-\omega'$ で回転していることになる．

日本の位置である北緯 37° でこれを計算してみると，$\omega' = 0.6\omega = 4.4 \times 10^{-5}$ s^{-1}，$l = 1$ m の糸では $\omega_0 \sim 3.1$ s^{-1} だから，周期はほとんど変わらない．しかし軸が 1 日に $360° \times 0.6 \sim 216°$ 程度回転することになる．辛抱強く待っていれば，地球の自転をこうして検出できるのだ[*3]．ついでに言えば，北極では 360° 回転し，赤道上では全然回転しない．

例題 北緯 α の点で，初速度 $\boldsymbol{v}_0$ で水平に投げた質点がその方向からずれることを示し，時間が小さいときどれだけずれるか求めよ．

[解] 東に x 軸，北に y 軸，鉛直上向きに z 軸をとれば，運動方程式は式 (5.13) と (5.14) により

$$\begin{aligned}
\ddot{x} &= 2\omega(\dot{y}\sin\alpha - \dot{z}\cos\alpha), \qquad \ddot{y} = -2\omega\dot{x}\sin\alpha \\
\ddot{z} &= -g + 2\omega\dot{x}\cos\alpha
\end{aligned} \tag{5.22}$$

となる．初期条件 $t = 0$ で $x = y = 0, z = h, \dot{x} = v_{0x}, \dot{y} = v_{0y}, \dot{z} = 0$ の下でこれを解く．ω は 10^{-4} 程度と非常に小さいので，まず近似的に $\omega = 0$ として解を求め，それからのずれを取り入れていく．そのために

$$\begin{aligned}
x &= x^{(0)} + x^{(1)} + \cdots \\
y &= y^{(0)} + y^{(1)} + \cdots \\
z &= z^{(0)} + z^{(1)} + \cdots
\end{aligned} \tag{5.23}$$

と書く．ここでついている添字は ω についての大きさを表す．すなわち，$x^{(0)}$ は 1 の大きさ，$x^{(1)}$ は ω と同程度の大きさで，$x^{(0)}$ よりずっと小さい，$x^{(2)}$ は

[*3] 例えば，東京上野の国立科学博物館や，米国シカゴの科学産業博物館には，3 階から 1 階へつるしたフーコー振り子があり，これを確かめることができる．

ω^2 と同程度の大きさでさらに小さいとするのである．y, z も同様である．これを式 (5.22) に代入して，両辺を ω の大きさで比較すると

$$\begin{aligned}
\ddot{x}^{(0)} &= 0, & \ddot{x}^{(1)} &= 2\omega(\dot{y}^{(0)}\sin\alpha - \dot{z}^{(0)}\cos\alpha) \\
\ddot{y}^{(0)} &= 0, & \ddot{y}^{(1)} &= -2\omega\dot{x}^{(0)}\sin\alpha \\
\ddot{z}^{(0)} &= -g, & \ddot{z}^{(1)} &= 2\omega\dot{x}^{(0)}\cos\alpha
\end{aligned} \tag{5.24}$$

を得る．さらに ω について高次の量も同様にできるが，ここでは必要はない．これからまず，$x^{(0)} = v_{0x}t, y^{(0)} = v_{0y}t, z^{(0)} = h - (1/2)gt^2$ が求められる．これらを式 (5.24) の ω の 1 次の大きさの式に代入すれば，それらはすぐに解けて

$$\begin{aligned}
x^{(1)} &= v_{0y}\omega(\sin\alpha)t^2 + \frac{1}{3}\omega g(\cos\alpha)t^3 \\
y^{(1)} &= -v_{0x}\omega(\sin\alpha)t^2, & z^{(1)} &= v_{0x}\omega(\cos\alpha)t^2
\end{aligned} \tag{5.25}$$

を得る．1 次の方程式を解くときには，右辺はすでに求められている 0 次の量ですべてが与えられており，容易に答が求められることに注意しよう．この問題では，最初から式 (5.22) の正確な答を求めようとしてもとても難しいが，この方法なら容易に解くことができ，また非常によい精度で答を求めることができる．このように小さなパラメータについての展開で答を近似的に求める方法を**摂動論**という．ただし，式 (5.25) からわかるように，十分時間がたって，1 次の項が大きくなるようになるとこの近似は成り立たなくなる（実は今の場合は正確に解くことはできる）．

5.4 潮汐力

月と地球は万有引力を及ぼし合いながら，月は地球のまわりを回っている．これがニュートンの偉大な発見の一つだが，彼はそれだけではなく月と地球の間の引力のために，地上での重要な現象が説明できることも示している．それは**潮汐現象**だ．これは慣性力ではなく，本当に働く力であるが，地球上で働く力の例としてここで詳しく見てみることにする．

図 5.5(a) のように地球の上に海水が乗っているために，それぞれの重心で考えるとわずかに月との距離が違う．点 A, B, C での 1 kg の物質に働く月の引力はそれぞれ

$$F_A = \frac{Gm}{(r-R)^2}, \qquad F_B = \frac{Gm}{r^2}, \qquad F_C = \frac{Gm}{(r+R)^2} \tag{5.26}$$

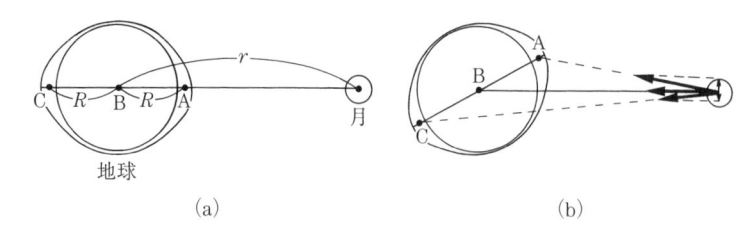

図 **5.5**　(a) 地球と月の運動，(b) 海水の位置

表 **5.1**　月と地球の諸量

	質量 (kg)	半径 (m)	公転半径 (m)
地球	$5.974 \times 10^{24}(M)$	$6.378 \times 10^6(R)$	1.496×10^{11}
月	$7.348 \times 10^{22}(m)$	1.737×10^6	$3.844 \times 10^8(r)$
太陽	1.989×10^{30}	6.960×10^8	

* $G = 6.672 \times 10^{-11}$ (m$^3 \cdot$kg$^{-1} \cdot$s^{-1})

となる．ここで G は万有引力定数，m は月の質量，R は地球の半径，r は月との距離で，表 5.1 に与えた．間違えないように，m などがどれなのかも入れておいた．R/r は約 $1/60$ なのでその 2 乗を省略すると

$$\Delta F \equiv F_A - F_B = F_B - F_C = \frac{2GmR}{r^3} \tag{5.27}$$

を得る．これが月の**潮汐力**の大きさだ．

$F_A - F_B > 0, F_C - F_B < 0$ ということは，地球の中心の受ける力を基準に考えると，A は月側に余分の力を受け，C はそれと反対側に余分の力を受けることになる．だから図 5.5(a) に示したように，月側とその反対側にふくらんだラグビーボールのような形になる．そのため潮の干満はだいたい 1 日に 2 回ある[*4]．

式 (5.27) に表 5.1 の値を入れると，1 kg の物質に対し

$$\Delta F = 1.1 \times 10^{-6} \text{ N} \tag{5.28}$$

となる．地上での重力は 9.8 N ぐらいだから，その 10^{-7} 程度の力だ．

[*4] ちなみに潮の干満はガリレイも考えたそうだが，反対側もふくらむことを見落としたために 1 回と考えていたらしい．また十分北や南の地方では，潮汐があまり見られないことや 1 回しかないこともある．

同じ潮汐力を太陽によるものについて計算してみると，5.1×10^{-7} N となって，さらに1桁小さい．しかし，結構大きいので，地球と月と太陽が一直線に並んだときは，**大潮**といって特に潮の高さが大きくなり，月と太陽が $90°$ のときは**小潮**といって高さはあまり大きくない満潮となる．

質量分布が球対称の惑星とその衛星の間に働く力は，それらの全質量が中心に集まった質点の及ぼし合う力と同じであることは，6.6.2 項で説明する．したがって球対称の質量分布をもつ半径 R，質量 M の惑星が，その中心から距離 r だけ離れたところにいる半径 x，質量 m の衛星に及ぼす最大の潮汐力は式 (5.27) と同じく

$$F = \frac{GMm}{r^2} - \frac{GMm}{(r+x)^2} \sim \frac{2GMm}{r^3}x \tag{5.29}$$

となる．衛星表面にある単位質量あたりに働く最大の潮汐力が，衛星自身の重力よりも大きくなると，この衛星は粉砕し始める．これが起こらないためには

$$\frac{2GM}{r^3}x \leq \frac{Gm}{x^2} \tag{5.30}$$

が必要である．いま惑星と衛星が同じ物質でできている（質量密度が同じ ρ である）として，これに惑星の質量 $M = (4\pi/3)\rho R^3$，衛星の質量 $m = (4\pi/3)\rho x^3$ を入れれば

$$r \geq \sqrt[3]{2}R \sim 1.26R \tag{5.31}$$

を得る．衛星や星がこの距離に来たとき，潮汐力によって壊れてしまうことがわかる．実際 1993 年木星につっ込んだシューメーカー–レビー彗星が木星による潮汐力によって分解してしまったことが観測されている．

地球に対する潮汐力に戻って，さらに地球の自転を考慮すると，地球と海水の摩擦により，海水のふくらんだ部分は図 5.5(b) のように，月の方向より少し進んだ方向にくる．地球がこのままの配置で自転を続けるので，海水との摩擦により自転速度がしだいに減少して 1 日の長さがしだいに延びる．その割合は 10 万年に 1～2 秒といわれている．

また海水が月に及ぼす引力を点 A と点 C で代表させて考えたが，このとき月に働く引力は地球の中心に向かう成分とそれに垂直な成分に分けて考えると，月を進ませる方向に力が働くことがわかる（図 5.5(b) 参照）．

月がこのように進行方向と同じ力を受けると，月が加速されるために月の軌道はしだいに大きくなり，月は地球から遠ざかっていく．その割合は 10 万年に 1.5 km〜3 km といわれている．これに対応して月の公転周期も 10 万年に 15〜30 秒延びる．最終的には月の公転と地球の自転が一致するところでこの現象は止まる．そのとき月と地球はあたかも互いに静止しているかのような位置関係で回っており，月から地球を眺めると，地球は常に同じ面を月に向けて回転していることがわかる．

だがこれは，現在の月ですでに起こっていることだ！ 月が常に同じ面を地球に向けて回転しているということは，小学校で習っただろうか？ その理由はこういうことだったのだ（現在の月には海水はないが，かなりいびつな形で，重い物質が地球の方に偏ってあるらしい）．月の方が質量が小さいのでこの効果が先に現れたのである．このように，自転と公転の周期がある値に固定される現象は月だけでなく水星でも発見されている．この場合は水星の 2 年間に 3 日があることがレーダー観測で発見されている．つまり公転周期が自転周期の 3/2 倍に固定されているのだ．

月と地球の場合に戻って，最終的な月の公転周期を求めるには，この力のやりとりでは角運動量は保存する[*5]から，月と地球のもっていた角運動量の保存則を使ってやればよい．地球を完全な球とすれば，その慣性モーメントは[*6]

$$I_\mathrm{E} = \frac{2}{5}MR^2 = 9.721 \times 10^{37} \text{ kg·m}^2 \tag{5.32}$$

ということになるが，地球の実際の慣性モーメントは測定されていて

$$I_\mathrm{E} = 0.33 MR^2 = 8.02 \times 10^{37} \text{ kg·m}^2 \tag{5.33}$$

とやや小さい．この数値の差は小さいようだが，答にかなり影響する．月は現在 27.3 日で公転しているので，現在地球と月がもっている角運動量は

$$I_\mathrm{E}\omega_\mathrm{E} + mr^2\frac{\omega_\mathrm{E}}{27.3} = (0.802 + 3.977) \times 10^{38}\omega_\mathrm{E} \tag{5.34}$$

ただし地球の角速度を $\omega_\mathrm{E} = 2\pi/24 \cdot 60^2$ とした[*7]．回転が一致した後の角速度を ω，そのときの公転半径を l とすれば角運動量の保存は

[*5] 6.1 節 (2) 参照.
[*6] ここで剛体のもつ角運動量が慣性モーメント I を用いて，$I\omega$ と書けることは剛体の力学の章でやるので，その知識をちょっと使うことにする.
[*7] また月の軌道は円であるとし（実際上ほとんど正しい），月の自転による角運動量は，その慣性モーメントも角速度もほかのものに比べ無視できるほど小さいので，落とした.

$$(8.02 \times 10^{37} + 7.348 \times 10^{22} l^2)\omega = 4.779 \times 10^{38} \omega_{\mathrm{E}} \tag{5.35}$$

またそのときの月に働く力のつりあいから

$$l\omega^2 = \frac{GM}{l^2} \tag{5.36}$$

となる．これらを解けば公転周期とそのときの月と地球の距離がわかる．

これを一般的に解くのは難しいし，必要でもないのでちょっと簡単に解いてみよう．式 (5.34) から地球の角運動量は月の角運動量に比べて小さいので，まず式 (5.35) の中で地球の角運動量を無視して解いて，後でどのくらいその近似がよいかを考えてみることにする．式 (5.36) を ω について解いて

$$\omega = \frac{1.996 \times 10^7}{l^{3/2}} \tag{5.37}$$

これを式 (5.35) に代入して，地球の分を落として計算すると

$$l = 5.61 \times 10^8 \text{ m} \tag{5.38}$$

このとき角速度は

$$\omega = \frac{1}{48.4} \omega_{\mathrm{E}} \tag{5.39}$$

となる．さらにこのとき式 (5.35) の中の地球と月の角運動量の比は 0.35% 程度になることがわかるから，これでほぼ正しい答が得られている．月は現在の 38 万 km から 56 万 km に遠ざかり，1 日が今の 48 日ぐらいになって，月と地球は互いに同じ面を見つめ合ったまま回転するというわけだ．月はいつも地球から見て同じところにいることになる．だがこうなるためには，気が遠くなるような長い年月が必要だ．

また，逆に言えば，月と地球ができた大昔には，現在の月と地球の距離よりももっと近く，地球ももっと速く回っていたはずである．実際，大昔の貝の化石に現れている年輪のようなものから，1 年に 400 日程度あった時代があることが確かめられている．サンゴは日単位および年単位にパターンをもつ骨格を形成する．そのため，サンゴが成長したときの 1 年の日数が数えられるのである．1.8 億年～4 億年前のサンゴの化石から，1 年に 381～410 日あったことがわかり，さらに古いサンゴは 1 年の日数がもっと多いことが知られている．

問　題

5.1 電車のつり革が，電車が動きだしたと同時に，鉛直線から $30°$ 傾いた．このまま 10 秒たったとき電車はどれだけ動いたか？

5.2 角振動数 ω，振幅 A で上下に単振動している床上の質点が，床から離れないための ω の最大値はいくらか？

5.3 一定加速度 α で落下する気球の中で放した質点は，気球および地上に対しどのように落下するか？コリオリ力は無視できるとする．

5.4 太陽が地球のまわりに公転している速度と，それによる遠心力はどのくらいになるか？表 5.1 を使え．

5.5 幅 4 m の長方形で，重心の高さ 2 m の列車が曲率半径 500 m のカーブを通る．線路が水平のとき，どのくらいのスピードまで列車はひっくり返らないか？またどんなに大きなスピードでもひっくり返らないためにはどのくらい傾けておけばよいか？

5.6 5.3 節の例題の結果を用いて，東京タワー（高さ 333 m）から質点を静かに落としたとき，地上ではどちらへどれだけずれるかを与えよ．ただし空気の抵抗は無視し，東京での緯度を $\alpha = 35.5°$ とし，$\cos\alpha = 0.81$ を使え．

5.7 前問と同様に例題の結果を用いて，北緯 α の地点で水平な直線軌道を走る質量 M の列車は，軌道に対し東西南北にどんな余分の垂直方向，水平方向の力を与えるかを考えよ．

5.8 月の公転周期が現在の 5 日であるようなときがあったとしたら，地球の 1 日は今のどのくらいの時間であり，月と地球の距離はどのくらいか？

6 質点系の力学

いままでは質点が一つで,それが決まった力を受けて運動する場合だけを考えた.ここでは,質点がたくさんある質点系の場合の運動を議論しよう.日常,力学現象が起こるのは,大部分こういう場合なので,ここは応用上大切な部分だ.

ここでは 6.2, 6.8, 6.9 節は,時間がなければ省略してよい.

6.1 質点系の保存則

N 個の質点 $(i = 1, \cdots N)$ の質量をそれぞれ m_i,位置を r_i で表す.外から働いている力を**外力**といい,F_i,j が i に及ぼしている力を**内力**といい F_{ji} $(i \neq j)$ と表すことにしよう.そうすると各質点の運動方程式は

$$m_i \ddot{r}_i = F_i + \sum_{j(\neq i)} F_{ji} \tag{6.1}$$

となる.そして作用反作用の法則により

$$F_{ij} + F_{ji} = 0 \tag{6.2}$$

が成り立つことに注意しておく.

(1) 運動量保存則

運動方程式 (6.1) の和をとると

$$\sum_i m_i \ddot{r}_i = \sum_i F_i + \sum_{i \neq j} F_{ji} \tag{6.3}$$

を得る.右辺の第 2 項は i と j について和をとるから,F_{ji} があれば必ず F_{ij} もある.それで

$$\sum_{i \neq j} F_{ji} = \frac{1}{2} \sum_{i \neq j} (F_{ij} + F_{ji}) \tag{6.4}$$

と書けるが，これは式 (6.2) によって 0 だ．

いま質点全体に働く外力を

$$F = \sum_i F_i \tag{6.5}$$

全体の運動量を

$$P = \sum_i p_i = \sum_i m_i \dot{r}_i \tag{6.6}$$

と定義すれば，式 (6.3) は

$$\dot{P} = F \tag{6.7}$$

となって，質点の場合と同じになる．あるいは，全質量 $M = \sum_i m_i$ を用いて**重心座標**を

$$MR = \sum_i m_i r_i \tag{6.8}$$

と定義すれば

$$M\ddot{R} = F \tag{6.9}$$

となる．すなわち，**重心**の運動はそこに全質量が集まった質点と同じ運動になる．特に，外力の和 F が 0 の場合は全運動量は保存される．そして重心は等速度運動をする．

(2) **角運動量保存則**

次に再び運動方程式により

$$\sum_i r_i \times m\ddot{r}_i = \sum_i r_i \times F_i + \sum_{i \neq j} r_i \times F_{ij} \tag{6.10}$$

を得る．もし内力 F_{ij} が i と j を結ぶ直線に沿っていれば，第 2 項目は

$$r_i \times F_{ij} + r_j \times F_{ji} = (r_i - r_j) \times F_{ij} = 0 \tag{6.11}$$

が成り立つから，やはり 0 になる[*1]．そこで角運動量を $l_i \equiv r_i \times m\dot{r}_i$ と定義すれば

[*1] すなわち，中心力の内力のみが働いているときは角運動量は保存する．これが 5.4 節で角運動量が保存する理由である．

$$\frac{\mathrm{d}}{\mathrm{d}t}\sum_i l_i = \sum_i r_i \times F_i \tag{6.12}$$

を得る．そこで全体の角運動量と外力のモーメントを

$$L \equiv \sum_i l_i = \sum_i r_i \times p_i$$
$$N \equiv \sum_i r_i \times F_i \tag{6.13}$$

で定義すれば

$$\dot{L} = N \tag{6.14}$$

を得る．これから次のことが結論される．

ある固定点のまわりの外力のモーメントの和が 0 のとき，L は保存する．

(3) 運動エネルギー

同様に運動エネルギーも考えられるが，これは重要なので節を改めて少し後で考えよう．

6.2 玉突の力学

運動量の保存則のよい例として，二つの球の衝突を考える．ビリヤードをやっている諸君には重要な問題だ．

二つの球 A と B がそれぞれ v_A, v_B の速度でやってきて衝突し，v'_A, v'_B の速度で飛び去るとしよう．二つの球を一つの系と見なすと外力は働いていないから，衝突の際の運動量は保存する．したがって

$$M_A v_A + M_B v_B = M_A v'_A + M_B v'_B \tag{6.15}$$

が成り立つ．問題は v_A, v_B を与えて，v'_A, v'_B を求めることだ．だが式 (6.15) にはベクトルの間の一つの関係しかないから，これだけではこの問題は解けない．ではビリヤードは何の規則性もなく跳ね返っているのだろうか？ そんなはずはない．狙った通りに跳ね返ることはやってみた人は誰でも知っている．で

は何が足りないか？それは衝突の際の力の働き方で跳ね返り方も違うはずなのに、そのことがまだ考慮されていないのだ．

ボールが鉛直に床に落ちて再び鉛直に跳ね返るとき、衝突直前の速度を v とし、直後の速度を v' とすれば

$$\frac{v'}{v} = -e \tag{6.16}$$

となることが実験で確かめられている．マイナスは速度が逆であることを表し、e はボールと床の物質で決まる定数で、**跳ね返り係数**または**反発係数**とよばれる．$e=1$ のときは完全な跳ね返りが起こり、**弾性衝突**という．この場合には容易にわかるようにエネルギーが保存する．一般には $0<e<1$ であり、**非弾性衝突**という[*2]．これで二つのボールの中心を結ぶ線方向の速度の関係がわかった．

次にこれと垂直な方向の力も調べねばならない．それは互いの摩擦力だ．簡単のため両方とも完全に滑らかだとしよう．そのときは力を受けないから、そちら方向の運動量は保存する．

これらの方程式を使えば運動が決定される．

6.3 重心座標系

各々の質点の座標は、重心座標を基準にして

$$\boldsymbol{r}_i = \boldsymbol{R} + \boldsymbol{r}'_i \tag{6.17}$$

と表すことができる．この $\boldsymbol{r}'_i$ のことを**相対座標**とよぼう．この式の両辺に質量 m_i を掛けて和をとれば

$$\sum_i m_i \boldsymbol{r}_i = \sum_i m_i \boldsymbol{R} + \sum_i m_i \boldsymbol{r}'_i \tag{6.18}$$

となる．しかるに式 (6.8) により左辺と右辺第 1 項は同じだから

$$\sum_i m_i \boldsymbol{r}'_i = 0 \tag{6.19}$$

[*2] 床が上向きに動いているときは、見かけ上 $e>1$ と見えることもある．つまり初めより大きな速度で跳ね返る．これは惑星を使った人工衛星の加速に使われることがある．詳しくは章末問題 6.14 を参照せよ．

を得る．すなわち相対座標では重心は原点になっている（もともと座標をそう設定したのだから，これは当たり前）．また $\boldsymbol{R}, \boldsymbol{r}_i'$ では，元の N 個の座標 $\boldsymbol{r}_i$ に比べ座標が一つ増えていたが，このおかげで数勘定が合うことになる．

さらに式 (6.17) を時間で微分すれば

$$\dot{\boldsymbol{r}}_i = \dot{\boldsymbol{R}} + \dot{\boldsymbol{r}}_i' \tag{6.20}$$

を得る．これは速度の合成則だ．これに質量 m_i を掛けて加えれば，式 (6.19) を得たのと同様に

$$\sum_i m_i \dot{\boldsymbol{r}}_i' = 0 \tag{6.21}$$

を得る．すなわち相対座標による全運動量は 0 である．

さて，この系の全運動エネルギーは

$$T = \sum_i \frac{1}{2} m_i \dot{\boldsymbol{r}}_i^2 = \sum_i \frac{1}{2} m_i (\dot{\boldsymbol{R}}^2 + 2\dot{\boldsymbol{R}} \cdot \dot{\boldsymbol{r}}_i' + \dot{\boldsymbol{r}}_i'^2) \tag{6.22}$$

となるが，第 2 項目は式 (6.21) により 0 となるので

$$T = \frac{1}{2} M \dot{\boldsymbol{R}}^2 + \sum_i \frac{1}{2} m_i \dot{\boldsymbol{r}}_i'^2 \tag{6.23}$$

と変形できる．重心部分と相対座標部分に完全に分離したことに注意せよ．第 1 項目は重心の運動エネルギーになっており，第 2 項目はそのまわりの相対運動のエネルギーになっている．

全角運動量も同様に変形できる．式 (6.13) に式 (6.20) を入れれば

$$\begin{aligned}
\boldsymbol{L} &= \sum_i (\boldsymbol{R} + \boldsymbol{r}_i') \times [m_i (\dot{\boldsymbol{R}} + \dot{\boldsymbol{r}}_i')] \\
&= \sum_i m_i (\boldsymbol{R} \times \dot{\boldsymbol{R}} + \boldsymbol{R} \times \dot{\boldsymbol{r}}_i' + \boldsymbol{r}_i' \times \dot{\boldsymbol{R}} + \boldsymbol{r}_i' \times \dot{\boldsymbol{r}}_i') \\
&= \boldsymbol{R} \times \dot{\boldsymbol{P}} + \sum_i \boldsymbol{r}_i' \times \boldsymbol{p}_i'
\end{aligned} \tag{6.24}$$

2 行目から 3 行目にいくときに，式 (6.19), (6.21) により第 2 項と第 3 項が落ちることを使った．再び重心と相対運動の角運動量が完全に分離した！

式 (6.20) も，全体の運動量が重心の運動量と相対座標系の運動量に分離するという結果と見なすことができるので，これら三つの保存量はすべて分離した形に書けることがわかった．

角運動量の満たす方程式は

$$\dot{\boldsymbol{L}} = \boldsymbol{R} \times M\ddot{\boldsymbol{R}} + \sum_i \boldsymbol{r}'_i \times (m_i \ddot{\boldsymbol{r}}'_i) \tag{6.25}$$

左辺は式 (6.13), (6.14) により

$$\sum (\boldsymbol{R} + \boldsymbol{r}'_i) \times \boldsymbol{F}_i \tag{6.26}$$

となるが，右辺の第 1 項が式 (6.9) により $\boldsymbol{R} \times \sum_i \boldsymbol{F}_i$ となることに注意すれば，この 1 項目と打ち消し合うことがわかる．式 (6.25) の右辺の最後の項は，相対運動の角運動量 $\boldsymbol{l}'_i$ の和の時間微分になっている．結局式 (6.25) から

$$\begin{aligned}
\frac{\mathrm{d}}{\mathrm{d}t} \sum_i \boldsymbol{l}'_i &= \sum_i \boldsymbol{r}'_i \times \boldsymbol{F}_i \\
\frac{\mathrm{d}}{\mathrm{d}t} \boldsymbol{L}_G &= \frac{\mathrm{d}}{\mathrm{d}t}(\boldsymbol{R} \times M\dot{\boldsymbol{R}}) = \boldsymbol{R} \times \sum_i \boldsymbol{F}_i
\end{aligned} \tag{6.27}$$

を得る．こうして角運動量の方程式も，完全に分離した．特に，重心のまわりのモーメントの和が 0 のときは角運動量の和も保存する．

6.4 質点系の力学的エネルギー

1 個の質点のときは力学的エネルギーは運動エネルギーとポテンシャルエネルギーの和であった．質点がたくさん集まった質点系でも，外力に対してはポテンシャルは同じである．

内力に対しては，例えば万有引力では質点 j が i に及ぼす力は

$$\boldsymbol{F}_{ji} = -\frac{Gm_i m_j}{|\boldsymbol{r}_i - \boldsymbol{r}_j|^2} \frac{\boldsymbol{r}_i - \boldsymbol{r}_j}{|\boldsymbol{r}_i - \boldsymbol{r}_j|} \tag{6.28}$$

で与えられる．そこで粒子 i のポテンシャルを

$$U_i = -\sum_{k(\neq i)} \frac{Gm_i m_k}{|\boldsymbol{r}_i - \boldsymbol{r}_k|} \tag{6.29}$$

と定義すると，

$$\boldsymbol{F}_{ji} = -\nabla_i U_j \tag{6.30}$$

となることが実際に計算してみるとわかる．また

$$\boldsymbol{F}_{ij} = -\nabla_j U_i = -\boldsymbol{F}_{ji} \tag{6.31}$$

も確かめられる.

いま外力が 0 である場合を考えよう. 運動方程式 (6.1) に $\dot{\boldsymbol{r}}_i$ を掛けて i について和をとると

$$\sum_i m_i \dot{\boldsymbol{r}}_i \cdot \ddot{\boldsymbol{r}}_i = -\sum_{i \neq j} \nabla_i U_j \cdot \dot{\boldsymbol{r}}_i \tag{6.32}$$

となる. これはさらに

$$\frac{1}{2}\frac{\mathrm{d}}{\mathrm{d}t}\left(\sum_i m_i \dot{\boldsymbol{r}}_i^2\right) = -\sum_j \frac{\mathrm{d}U_j}{\mathrm{d}t} \tag{6.33}$$

と書ける. 右辺がこう書けるのは, 例えば時間の関数 $g(t)$ の関数 $f(g(t))$ を時間で微分すると, $\mathrm{d}f/\mathrm{d}t = (\mathrm{d}f/\mathrm{d}g)(\mathrm{d}g/\mathrm{d}t)$ になるという例のチェーン則のためだ. したがって

$$U \equiv \sum_i U_i \tag{6.34}$$

とおけば, 式 (6.33) は全体のエネルギー

$$E = \frac{1}{2}\sum_i m_i \dot{\boldsymbol{r}}_i^2 + U \tag{6.35}$$

が保存することを意味している. これが力学的エネルギー保存則だ!

6.5 二体問題

ここで簡単で容易に解けるが, しかし十分実用的な場合として, 質点が二つだけある二体問題を考える. 作用反作用の法則を考えると, 運動方程式は

$$m_1 \ddot{\boldsymbol{r}}_1 = \boldsymbol{F}, \qquad m_2 \ddot{\boldsymbol{r}}_2 = -\boldsymbol{F} \tag{6.36}$$

となるので, 和をとれば

$$\frac{\mathrm{d}^2}{\mathrm{d}t^2}(m_1 \boldsymbol{r}_1 + m_2 \boldsymbol{r}_2) = 0 \tag{6.37}$$

を得る. したがって全運動量

$$\boldsymbol{P} = m_1\dot{\boldsymbol{r}}_1 + m_2\dot{\boldsymbol{r}}_2 \tag{6.38}$$

は保存する．これは質点が二つしかないので，内力しか働かないためだ．

また

$$\boldsymbol{R} = \frac{m_1\boldsymbol{r}_1 + m_2\boldsymbol{r}_2}{m_1 + m_2} \tag{6.39}$$

を**重心**または**質量中心**という．式 (6.37) は

$$(m_1 + m_2)\ddot{\boldsymbol{R}} = 0 \tag{6.40}$$

と書けるから，重心の速度が一定であることを示している．

次に式 (6.36) をそれぞれ質量で割って，その差をとれば

$$\frac{\mathrm{d}^2}{\mathrm{d}t^2}(\boldsymbol{r}_1 - \boldsymbol{r}_2) = \left(\frac{1}{m_1} + \frac{1}{m_2}\right)\boldsymbol{F} \tag{6.41}$$

となる．そこで**相対座標** $\boldsymbol{r}$ と**換算質量** μ という量を

$$\boldsymbol{r} \equiv \boldsymbol{r}_1 - \boldsymbol{r}_2, \qquad \frac{1}{\mu} \equiv \frac{1}{m_1} + \frac{1}{m_2} \tag{6.42}$$

で定義すれば，式 (6.41) は

$$\mu\frac{\mathrm{d}^2\boldsymbol{r}}{\mathrm{d}t^2} = \boldsymbol{F} \tag{6.43}$$

となる．式 (6.40) と式 (6.43) からわかるように重心運動と相対運動は完全に分離して，それぞれ独立な運動方程式に従うので，二体問題が一体問題に帰着できた！ 質点が二つあるという効果は，相対運動の方程式に換算質量が現れるというところにある．一般に $\mu < m_1, m_2$ となるから，実質的には質量が軽くなった運動となる．

式 (6.39), (6.42) より，それぞれの座標は

$$\boldsymbol{r}_1 = \boldsymbol{R} + \frac{m_2}{m_1 + m_2}\boldsymbol{r}, \qquad \boldsymbol{r}_2 = \boldsymbol{R} - \frac{m_1}{m_1 + m_2}\boldsymbol{r} \tag{6.44}$$

となる．したがって，式 (6.40) と式 (6.43) を解いて $\boldsymbol{R}$ と $\boldsymbol{r}$ が決まれば，$\boldsymbol{r}_1$ と $\boldsymbol{r}_2$ が決まり運動が完全に決定される．また，この場合の運動エネルギーは

$$T = \frac{1}{2}M\dot{\boldsymbol{R}}^2 + \frac{1}{2}\mu\dot{\boldsymbol{r}}^2 \tag{6.45}$$

で与えられる．ただし，$M = m_1 + m_2$ である．

二体問題は一般に解くことができる．それはこのように重心運動と相対運動が完全に分離し，それぞれを一体問題として解けばよいからだ．質点の独立な座標が都合6個あるのに対し，全運動量保存則で三つ，全角運動量保存則でやはり三つ，エネルギー保存則で決まっている量が一つあって，それらを用いて運動が完全に決定される．これに対し，**三体問題**は一般に解けない．それはいまあげた保存則以外に一般に保存する量がないためである[*3]．いわんや，**多体問題**はまったく解けないといってよい．

太陽のまわりを惑星が運動するような場合は近似的に二体問題と考えられるので，容易に取り扱うことができる．

6.6 惑星の運動

前節での議論により太陽と惑星の運動は，ほかの惑星との力を無視できれば，相対運動に関しての一体問題として扱ってよい．さらにこの場合は，特に質量の差が大きく，$m_1/m_2 \sim 10^{-3}$ ぐらいなので実質上換算質量は無視して，太陽が止まっているとしてもよい近似となる．多くの教科書では，そのような取り扱いをしている．しかし以下では，これを正確に取り扱ってみよう．

6.6.1 角運動量の保存則

万有引力などの中心力が働いているときは，力は式 (3.40) により

$$F = -V'(r)\frac{r}{r} \tag{6.46}$$

で与えられる．ところが3.2節で議論したように，この場合は (6.43) の方程式とベクトル積の性質 (1.13) により

$$\frac{d}{dt}l = 0 \tag{6.47}$$

となり，角運動量は保存する．したがって，**単位質量**あたりの角運動量を新しく h とすれば，c を一定のベクトルとして

[*3] ただし3質点が直線上に並んでいるような特別な場合は例外だ．また質量がきわめて小さい物体（人工衛星）がほかの質量の大きい2天体（例えば地球と月）からの引力を受け，2天体と同じ周期で周期運動しうる位置は5か所しかないことが知られている．これらの点を**ラグランジュ点**という．また，最近8の字運動という三体問題の新しい解が発見された．このようにこの問題は現在も研究の対象になっている．

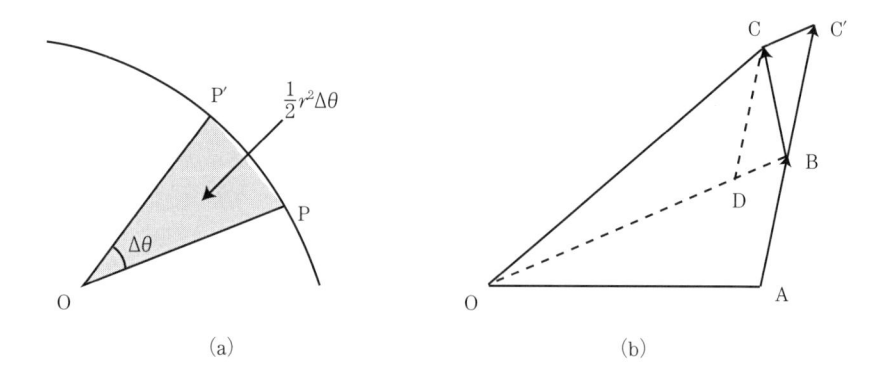

図 **6.1** (a) 面積速度，(b) 図による説明

$$h \equiv r \times \dot{r} = c \tag{6.48}$$

となる．

式 (1.26) を使うと，この角運動量の大きさは

$$h = r^2 \dot{\theta} \tag{6.49}$$

で与えられる．一方，単位時間あたりに動径の描く面積 S は，図 6.1(a) に示したように

$$S = \frac{1}{2} r^2 \dot{\theta} \tag{6.50}$$

である．これを**面積速度**という．ゆえに式 (6.49) と式 (6.50) により

$$S = \frac{h}{2} \tag{6.51}$$

すなわち，面積速度は一定であるという**ケプラーの第 2 法則**が得られる．

これは角運動量の保存則の一面にすぎない．h は r と v の両方に垂直だから，h が一定だということは r と v のつくる面が一定，つまり質点の軌道は力の中心を含む一定の面内にあるという驚くべき結果を意味している．惑星の運動は平面内に限られるとして扱ってよいのだ！

実は面積速度が一定であることはもっと直感的に図形を使って理解することもできる．まず 3 次元空間の中の運動を考えると，中心力は速度の角度方向を変える向きには働かないから，運動は一つの平面内で起こる．次に図 6.1(b) の

ように，惑星がAからBへ少し進んだあと中心力で太陽方向に落ちるという運動の積み重ねと考える．もしBで力が働かなければC'へいくが，実際にはBで落ちるためC'よりBDと同じだけずれた点Cへいく．そのとき図の二つの三角形OABとOBC'は底辺OBが同じで高さも同じなので，面積も同じになる．次にOBC'とOBCの三角形も，底辺OBが同じで高さが同じだから面積が同じになる．これは結局OABとOBCの三角形の面積が同じで，面積速度が同じであることを示している（これはニュートンが最初に示した方法）．

6.6.2 重力ポテンシャル

半径 a の球に球対称に質量が分布しているとき，万有引力は中心にすべての質量が集まったと考えたものと同じになる．これを力で直接示すのは面倒なので，ポテンシャルを求めることによって示そう．力はポテンシャルで決まるので，これで示せればよい．いま，中心から r 離れた点でのポテンシャルを求めよう．まず薄い球殻を考える．図6.2に示した部分のつくるポテンシャルは，その質量が $m' \equiv 2\pi(a\sin\theta)(a d\theta)\rho$ （密度を ρ とした），質点までの距離は $l = \sqrt{a^2 + r^2 - 2ar\cos\theta}$ だから，式(3.44)により

$$dV = -Gm2\pi\rho a^2 \sin\theta d\theta/l \tag{6.52}$$

これを θ が 0 から π まで積分してやる．ちょっと面倒だが，l に変数変換してやると

$$\begin{aligned}V &= -2\pi a\rho Gm \int_{l_{\min}}^{l_{\max}} \frac{dl}{r} \\ &= -2\pi a\rho Gm \frac{l_{\max} - l_{\min}}{r}\end{aligned} \tag{6.53}$$

と比較的簡単に計算できる．ここで $l_{\max}, l_{\min}$ は $\theta = \pi, 0$ のときの l の値である．したがって，質点が球のなかにあれば $l_{\max} - l_{\min} = 2r$ なので

$$V = -4\pi a^2 \rho Gm/a \tag{6.54}$$

外にあれば $l_{\max} - l_{\min} = 2a$ なので

$$V = -4\pi a^2 \rho Gm/r \tag{6.55}$$

を得る．$4\pi a^2 \rho$ は球殻に含まれる全質量である．式(6.55)は考えている点が球の外にあるときは，全質量が中心に集まった質点と同じであることを示している．球殻の中では，ポテンシャルは定数となり，力は働かない．

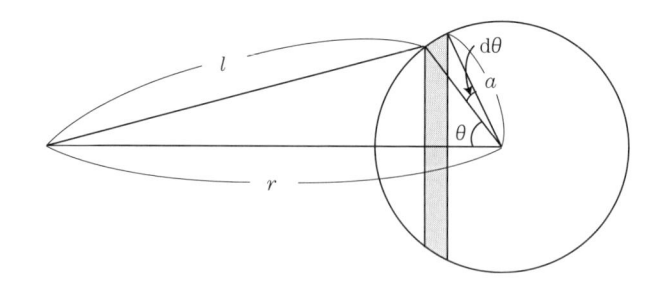

図 **6.2** 重力ポテンシャルの計算

　球の中全体に質量が分布しているときは，このような球殻に分けて考えてやればよいから，結局球対称の質量分布をもつ物体は中心に全質量が集まった質点として扱ってよいことがわかった．球の内部では，それより外側の球殻はないと考え，内部の質量が中心に集まったと考えた場合と同じになる．これで惑星の運動の取り扱いはずいぶん簡単になる．

　クーロン力も r^{-2} に比例するので，この結果はクーロン力でも成り立つ．

6.6.3　運動の決定

　質量 M の太陽のまわりを，M に比べて小さい質量 m の惑星が回っているとしよう．すでに見たように，この運動は相対座標で取り扱うのがよい．この場合 6.6.1 項で見たように，万有引力で運動する惑星は平面運動をするので，極座標で表すのが便利である．

　式 (6.49) を t で微分すると，極座標の e_θ 方向の加速度に比例しているので [式 (1.26) 参照]，運動方程式のそちら方向は $0=0$ となって，すでに満たされている．これは角運動量の保存則と同じことである．e_r 方向成分は

$$\mu(\ddot{r} - r\dot{\theta}^2) = -\frac{GMm}{r^2} \tag{6.56}$$

となる．前節の問題で見たように，$\mu = mM/(m+M)$ だから mM は両辺で打ち消し，結局太陽が止まっているとしたときに比べ，M を $m+M$ でおき換えた式を得る．そこで，式 (6.49) を用いて $\dot{\theta}$ を消去すれば

$$\ddot{r} - \frac{h^2}{r^3} = -\frac{G(M+m)}{r^2} \tag{6.57}$$

これは 1 次元の問題だから必ず解ける．式 (6.57) を解けば r が t の関数とし

て決まり，式 (6.49) によって θ も t の関数として決まる．それらから t を消去すれば，r が θ の関数として表されることになる．そうすると，t で微分するということは，チェーン則により

$$\frac{\mathrm{d}}{\mathrm{d}t} = \frac{\mathrm{d}\theta}{\mathrm{d}t}\frac{\mathrm{d}}{\mathrm{d}\theta} = \frac{h}{r^2}\frac{\mathrm{d}}{\mathrm{d}\theta} \tag{6.58}$$

となる．最後の変形には式 (6.49) を使った．それで

$$\frac{\mathrm{d}^2 r}{\mathrm{d}t^2} = \frac{h}{r^2}\frac{\mathrm{d}}{\mathrm{d}\theta}\left(\frac{h}{r^2}\frac{\mathrm{d}r}{\mathrm{d}\theta}\right) = \frac{l^2}{r^2}\frac{\mathrm{d}}{\mathrm{d}\theta}\left(\frac{1}{r^2}\frac{\mathrm{d}r}{\mathrm{d}\theta}\right) \tag{6.59}$$

となる．そこで

$$u \equiv \frac{1}{r} \tag{6.60}$$

とおけば

$$\frac{1}{r^2}\frac{\mathrm{d}r}{\mathrm{d}\theta} = -\frac{\mathrm{d}u}{\mathrm{d}\theta} \tag{6.61}$$

と簡単になるので，式 (6.57) は

$$\frac{\mathrm{d}^2 u}{\mathrm{d}\theta^2} = -\left[u - \frac{G(M+m)}{l^2}\right] \tag{6.62}$$

となる．これは単振動の方程式だ！ だからすぐに積分できて

$$u - \frac{G(M+m)}{l^2} = A\cos(\theta + \alpha) \tag{6.63}$$

を得る．A と α は積分定数である．ここで座標系をうまくとって $\alpha = 0$ にしても，一般性は失わない．そのとき，r に戻せば

$$r = \frac{\lambda}{1 + \varepsilon\cos\theta} \tag{6.64}$$

となる．ただし

$$\lambda = \frac{h^2}{G(M+m)}, \qquad \varepsilon = \frac{h^2 A}{G(M+m)} \tag{6.65}$$

は正の定数である．

系の相対座標についての力学的エネルギーは，式 (6.45) と，式 (1.26) により $\dot{\boldsymbol{r}}^2 = \dot{r}^2 + r^2\dot{\theta}^2$ だから

$$E = \frac{1}{2}\mu\dot{\boldsymbol{r}}^2 + V = \frac{1}{2}\mu(\dot{r}^2 + r^2\dot{\theta}^2) - \frac{GMm}{r} \tag{6.66}$$

これはエネルギーだから，一定になるはずだ．そこで運動方程式の解を使って変形してみよう．式 (6.64) を t で微分して

$$\dot{r} = \frac{r^2\dot{\theta}}{\lambda}\varepsilon\sin\theta = \frac{h}{\lambda}\varepsilon\sin\theta \tag{6.67}$$

を得る．2番目の変形には式 (6.49) を用いた．これと式 (6.49) を使って，$\dot{r}$ と $\dot{\theta}$ を式 (6.66) から消去すれば，期待される通り定数

$$E = \frac{G^2 Mm(M+m)}{2h^2}(\varepsilon^2 - 1) \tag{6.68}$$

となる．ε が 1 より小さいときは，$E < 0$ であることに注意しよう．そのとき式 (3.37) により，r の可動域は有限の領域になってしまう．式 (6.49) を用いれば，エネルギーの式 (6.66) より

$$E = \frac{\mu}{2}\dot{r}^2 + V_{\text{eff}}, \qquad V_{\text{eff}} \equiv \frac{\mu h^2}{2r^2} - \frac{GMm}{r} \tag{6.69}$$

を得る．V_{eff} の 1 項目は遠心力による項であり，**有効ポテンシャル** V_{eff} が原点の近くで大きくなり，遠方では 0 になることを示している（図 6.3 参照）．この図から $E < 0$ では可動域が有限の領域であり，$E \geqq 0$ では無限大になることがわかる．

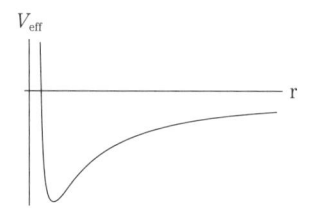

図 **6.3**　有効ポテンシャル

式 (6.64) は **2 次曲線** とよばれるものだ．すなわち

$\varepsilon < 1$ $(E < 0)$ ならば楕円 $\Leftarrow$ 有限領域

$\varepsilon = 1$ $(E = 0)$ ならば放物線

$\varepsilon > 1$ $(E > 0)$ ならば双曲線

となる．これを見るには

$$x = r\cos\theta, \qquad y = r\sin\theta \tag{6.70}$$

とする．式 (6.64) の分母をはらえば

$$\sqrt{x^2 + y^2} + \varepsilon x = \lambda \tag{6.71}$$

となる．εx を移項して 2 乗し，平方完成すると，$\varepsilon \neq 1$ ならば

$$(1-\varepsilon^2)\left(x + \frac{\varepsilon\lambda}{1-\varepsilon^2}\right)^2 + y^2 = \frac{\lambda^2}{1-\varepsilon^2} \tag{6.72}$$

となり，ε と 1 の大小で楕円と双曲線になる．$\varepsilon = 1$ ならば

$$y^2 + 2\lambda x = \lambda^2 \tag{6.73}$$

で放物線になり，上の結果を得る．

$0 < \varepsilon < 1$ のときは，式 (6.72) は

$$\frac{(x+\varepsilon a)^2}{a^2} + \frac{y^2}{b^2} = 1 \tag{6.74}$$

と書け，楕円になる．ここで

$$a = \frac{\lambda}{1-\varepsilon^2}, \qquad b = \frac{\lambda}{\sqrt{1-\varepsilon^2}} \tag{6.75}$$

は楕円の**長径**と**短径**の長さだ（図 6.4）．このとき，**焦点**の位置は中心から

$$\sqrt{a^2 - b^2} = \frac{\lambda\varepsilon}{1-\varepsilon^2} = \varepsilon a \tag{6.76}$$

の距離のところ，すなわち動径の原点（太陽の位置）であることがわかる．これを確かめるために，楕円の方程式 (6.74) に対し，点 $(0,0), (-2\varepsilon a, 0)$ からの距離を計算してみよう．式 (6.74) を使って y^2 を消去すれば，それぞれ

$$\sqrt{x^2 + y^2} = \sqrt{\left(\frac{\sqrt{a^2-b^2}}{a}x - \frac{b^2}{a}\right)^2} \tag{6.77}$$

$$\sqrt{(x+2\varepsilon a)^2 + y^2} = \sqrt{\left(\frac{\sqrt{a^2-b^2}}{a}x + \frac{2a^2-b^2}{a}\right)^2} \tag{6.78}$$

となる．この楕円では，x の動く範囲は $x < a - \sqrt{a^2 - b^2}$ になっているので，最初の項の平方根の中身は負になる．したがって，これは $b^2/a - (\sqrt{a^2-b^2}/a)x$

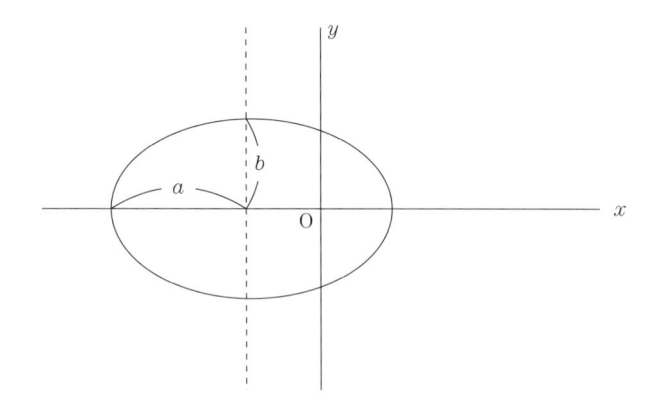

図 6.4　楕円運動

となり，2 項目は平方根はそのまま開ける．この二つを加えると，常に $2a$ になっている．つまり上の 2 点から軌道上の点までの距離の和は常に一定値 $2a$ であって，原点と $(-2\varepsilon a, 0)$ が楕円の焦点になっていることがわかる．

これは惑星の軌道が太陽を焦点とする楕円になっているという**ケプラーの第 1 法則**である．

3.7 節の 1 次元の運動で述べたように，これは周期運動である．その周期は楕円の面積 πab を面積速度 (6.51) で割って

$$T = \frac{2\pi}{\sqrt{G(M+m)}}\left(\frac{\lambda}{1-\varepsilon^2}\right)^{3/2} = \frac{2\pi}{\sqrt{G(M+m)}}a^{3/2} \tag{6.79}$$

となる．M が大きくて m が無視できるときは，これは

$$T = \frac{2\pi}{\sqrt{GM}}a^{3/2} \tag{6.80}$$

となり，係数が一定になって，周期が長径の 3/2 乗に比例するという**ケプラーの第 3 法則**になっている．この法則は，$M \gg m$ という近似でのみ正しいことを，もう一度注意しておこう．m は惑星の質量なので，惑星により m は変わり，厳密に言うとこの法則は正しくない．もちろん太陽系では，太陽が非常に重いので十分よい近似でこの法則は正しい．

これは惑星の運動が円運動とすれば，もっと簡単に求められる．そのときはつりあい条件から

が成り立つ．したがって，周期は

$$\mu a \omega^2 = \frac{GMm}{a^2} \tag{6.81}$$

$$T = \frac{2\pi}{\omega} = 2\pi \frac{a^{3/2}}{\sqrt{G(M+m)}} \tag{6.82}$$

となる．これはまさに式 (6.79) そのものだ．

$\varepsilon > 1$ のときは，図 6.5 の左側の実線のような双曲線になる．太陽はやはり焦点の位置にある．図の点線は，式 (6.64) を 2 乗したために出たもので

$$r = \frac{-\lambda}{1 - \varepsilon \cos\theta} \tag{6.83}$$

で与えられる軌道に対応する．式 (6.65) からわかるように，これは G の符号を変えたもの，つまり斥力の場合になっている．

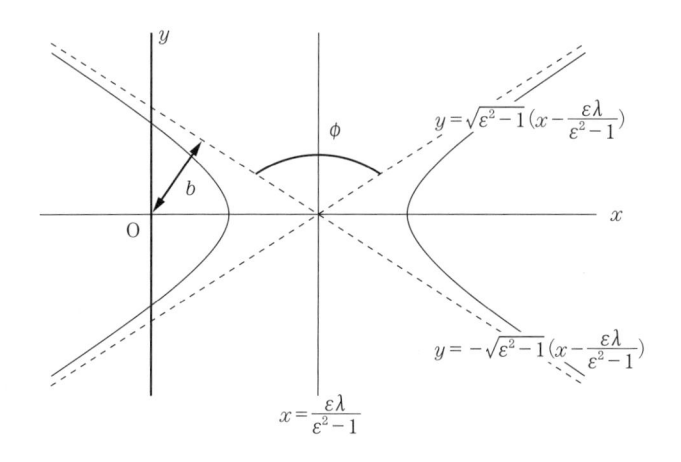

図 **6.5** 双曲線運動とラザフォード散乱

6.7 ラザフォード散乱

1909 年ラザフォード (E. Rutherford) は原子の構造を調べるために，金の薄膜に正の電荷をもつ α 粒子を高速で当ててその散乱を測定した．彼の期待は，ちり紙に弾丸を打ち込んだときのように，すべての α 粒子がすかすかに通り抜

けるだろうというものだった．ところが予期に反して，いくつかの α 粒子が大きくそれ，時には跳ね返ってきた．これは彼にとって大きな驚きであり，これを説明するためには原子の中に正の電荷が点状に固まっていて，そのまわりを電子の雲がとり巻いていると考えるのが，自然であるという結論へと導かれた．その塊を**原子核**という．これが**ラザフォードの原子模型**とよばれるものだ．そこでこの場合，α 粒子がどのように散乱されるかを考えよう．

いま正の点電荷 q を，電荷 Q の原子核に当てることを考える．再び二体問題だから相対運動だけを考えれば，斥力*4

$$F = \frac{qQ}{r^2} \tag{6.84}$$

のもとでの運動を考えればよい．これは前節の例で

$$-GMm \to qQ \tag{6.85}$$

とすればよい．だから運動は式 (6.64), (6.65) から

$$r = \frac{-\lambda}{1 - \varepsilon \cos\theta} \tag{6.86}$$

で与えられる．ここで

$$\lambda \equiv \frac{h\mu}{qQ}, \qquad \varepsilon \equiv \frac{h\mu A}{qQ} \tag{6.87}$$

は，正になるように前節と比べて符号を変えた．それで式 (6.86) には，負号がついている．式 (6.87) には換算質量が現れていることに注意．これを得るには，むしろ $G \to -qQ/Mm$ とおき換えるのがよい．そうすると，式 (6.86) は式 (6.83) と同じになっている．したがってこれは，図 6.5 の右側の軌道になる．

式 (6.86) で r が正になるためには，$\varepsilon > 1$ でなければならないので，双曲線になったのだ．斥力のために，束縛された運動は起こらない．エネルギーは式 (6.68) に式 (6.85) のおき換えをすれば

$$E = \frac{1}{2\mu}\left(\frac{qQ}{h}\right)^2 (\varepsilon^2 - 1) \tag{6.88}$$

となって，正になっている．だから可動域が，無限の遠方まである．

---

*4 ここでは簡単のため，静電単位系を使っている．もし MKSA 単位系を使いたければ，以下の公式で $qQ \to qQ/4\pi\varepsilon_0$ とすればよい．

粒子が遠方から飛来して，角度 ϕ だけ曲げられるとしよう．図 6.5 により

$$\tan\frac{\pi-\phi}{2} = \cot\frac{\phi}{2} = \sqrt{\varepsilon^2-1} \tag{6.89}$$

となる．したがって

$$\sin\frac{\phi}{2} = \frac{1}{\varepsilon}, \qquad \cos\frac{\phi}{2} = \frac{\sqrt{\varepsilon^2-1}}{\varepsilon} \tag{6.90}$$

であることがわかる．

また飛来粒子の漸近線と標的の距離 b は，漸近線 $y = -\sqrt{\varepsilon^2-1}[x-\varepsilon\lambda/(\varepsilon^2-1)]$ と焦点の距離として，図 6.5 より

$$b = \frac{\varepsilon\lambda}{\varepsilon^2-1}\sin\frac{\pi-\phi}{2} = \frac{\lambda}{\sqrt{\varepsilon^2-1}} \tag{6.91}$$

となる．これを**衝突パラメータ**という．λ（あるいは角運動量 h）と b を与えればほかの ε や ϕ は決まることがわかる．さらに式 (6.87) と式 (6.88) により，$\lambda = (qQ/2E)(\varepsilon^2-1)$ だから

$$b = \frac{qQ}{2E}\sqrt{\varepsilon^2-1} = \frac{qQ}{2E}\cot\left(\frac{\phi}{2}\right) \tag{6.92}$$

となるから，b が小さいほど大角度の散乱が起こる．

散乱角が $\phi+\mathrm{d}\phi$ になる衝突パラメータを $b+\mathrm{d}b$ とすれば，式 (6.92) により

$$\mathrm{d}b = -\frac{qQ}{4E\sin^2(\phi/2)}\mathrm{d}\phi \tag{6.93}$$

となる．$b \sim b+\mathrm{d}b$ の円環内に入った α 粒子は角度 ϕ と $\phi+\mathrm{d}\phi$ の間に散乱される．粒子 1 個あたりがその角度内に散乱される確率は，この円環内に入る割合で決まりその面積で与えられる．それを**散乱断面積**といい

$$\begin{aligned}\mathrm{d}\sigma &= 2\pi|b\,\mathrm{d}b| \\ &= \left(\frac{qQ}{4E}\right)^2\frac{1}{\sin^4(\phi/2)}2\pi\sin\phi\,\mathrm{d}\phi\end{aligned} \tag{6.94}$$

で与えられることがわかる[*5]．

[*5] この最後の因子 $2\pi\sin\phi\,\mathrm{d}\phi$ は**立体角**とよばれる 2 次元の角度を 3 次元に拡張したものであり，角度 ϕ と $\phi+\mathrm{d}\phi$ の間にできる単位球面上の面積として定義される．その前の因子は $\sigma(\phi)$ と書いて**微分断面積**という．これを全部加えたら全断面積が得られるという意味で，こうよぶ．

これを**ラザフォードの公式**という．いまでは実はこのようなミクロの世界では，一般には量子力学とよばれるまったく新しい理論で計算しなければ，正しい答が得られないことがわかっている．ところがこのラザフォード散乱の場合には，このような古典的な取り扱いで同じ答が得られる．これは偶然ではあるが，このような偶然でラザフォードは正しい原子の描像を得ることができた．まことに幸運だったといえよう．

6.8 重心系と実験室系

前節で考えた散乱は相対座標で考えたもので，実質上標的が動かないとした取り扱いと同じだ．惑星の運動のときのように，一方の質量がべらぼうに大きい場合は太陽は動かないと考えた取り扱いはかなりよい．しかし原子核との散乱の場合は α 粒子はかなり重いので標的の運動も考える必要がある．

すでに見たように重心運動と相対運動は完全に分離するので，前節の取り扱いに重心運動の効果を取り入れればよい．そこでまず重心が止まっているような座標系をとったとしよう．これを**重心系**という．そのときは前節の議論は完全に正しい．微分断面積は式 (6.94) で与えられる．

しかし現実の実験では，標的の原子核が止まっている系で行う．これを**実験室系**という．これからこの系にどのように移るかを考えよう．

入射粒子の質量を m_1, 標的の質量を m_2, 相対速度を v_0 とする．重心系で

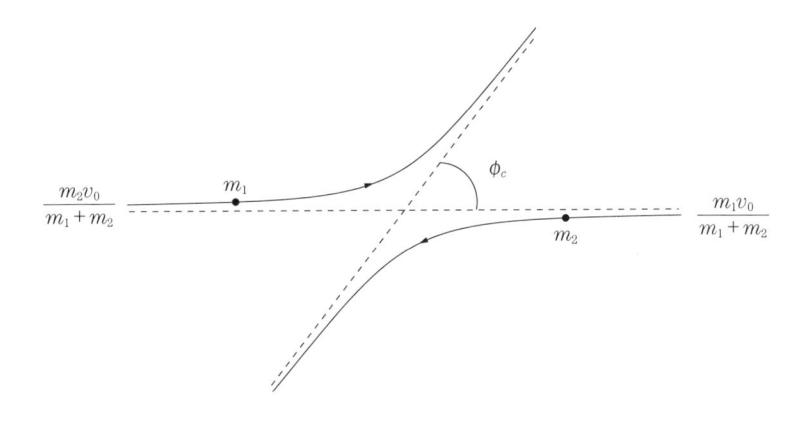

図 **6.6** 重心系と実験室系での散乱

は m_1 は $m_2v_0/(m_1+m_2)$ で入射し，角度 ϕ_c だけ散乱されて同じ速さで飛び去る．このとき標的は $m_1v_0/(m_1+m_2)$ で入射してくるから，これが静止している実験室系に移るには，$m_1v_0/(m_1+m_2)$ で系を変換すればよい（図 6.6）．そうすると，散乱 α 粒子の横方向速度はそのままの

$$\frac{m_2 v_0 \sin \phi_c}{m_1 + m_2} \tag{6.95}$$

であるが，入射方向成分は

$$\frac{m_2 v_0 \cos \phi_c}{m_1 + m_2} + \frac{m_1 v_0}{m_1 + m_2} \tag{6.96}$$

となる．だから実験室系での散乱角を ϕ_l とすれば

$$\tan \phi_l = \frac{m_2 \sin \phi_c}{m_1 + m_2 \cos \phi_c} \tag{6.97}$$

となる．

散乱断面積は同じになるから

$$d\sigma = \left(\frac{qQ}{4E_c}\right)^2 \frac{1}{\sin^4(\phi_c/2)} 2\pi \sin \phi_c d\phi_c \tag{6.98}$$

$$= \sigma(\phi_l) 2\pi \sin \phi_l d\phi_l \tag{6.99}$$

として求められる．実際に $\sigma(\phi_l)$ を (6.97) により求めても，あまりきれいな形にならないので，ここでは省略する．

6.9 質量が変化する物体の運動（ロケット）

燃料を燃やして噴き出させることにより進むロケットは，その分だけ質量が減りながら飛ぶ．このように質量が変化するときの運動はどうなるだろう？

それには運動量がどのように変化するかを考えればよい．いま外部から $\boldsymbol{F}$ の力が作用しているとき，時刻 t で質量 m，速度 $\boldsymbol{v}$ の物体が，時刻 $t+dt$ で質量 $m+dm$，速度 $\boldsymbol{v}+d\boldsymbol{v}$ になり，その間に排出または付着した質量 dm の物体の速度が $\boldsymbol{v}+\boldsymbol{v}'$ としよう．その間の運動量変化は 2 次以上の微小量 $dm d\boldsymbol{v}$ を省略すれば

$$d\boldsymbol{p} = (m+dm)(\boldsymbol{v}+d\boldsymbol{v}) - m\boldsymbol{v} - dm(\boldsymbol{v}+\boldsymbol{v}')$$

$$= m d\boldsymbol{v} - dm \boldsymbol{v}' \tag{6.100}$$

となる．これを dt で割って

$$\dot{\boldsymbol{p}} = m\dot{\boldsymbol{v}} - \dot{m}\boldsymbol{v}' \tag{6.101}$$

を得る．したがって運動方程式 (3.3) は

$$m\dot{\boldsymbol{v}} = \boldsymbol{F} + \dot{m}\boldsymbol{v}' \tag{6.102}$$

となる．

　この例でわかるように，運動方程式 (2.1) は一般には正しくない．正しいのは，その前に言葉で述べてある「物体が受ける力と，その運動量の変化は等しい」ということである．状況がいままで考えているのと違うときは，この法則に立ち返るのがよい．

　ロケットでは $\dot{m}<0$ なので $\boldsymbol{v}'$ が $\boldsymbol{v}$ と逆向きのとき推力を受ける．$\boldsymbol{v}'$ が一定のロケットを地上から打ち上げるときは

$$m\dot{v} = -mg - \dot{m}v' \tag{6.103}$$

となる．両辺を m で割って $t=0$ で $v=0, m=m_0$ として積分すれば

$$v = -gt - v' \ln \frac{m(t)}{m_0} \tag{6.104}$$

となる．ロケットが毎秒一定量の燃料を消費するときは，$m(t) = m_0 - \alpha t$ となる．ここでもちろん α はすごく小さい．最初 $t=0$ でのこの曲線の傾きは $-g + v'\alpha/m_0$ となるので，v' がある程度大きくないと上に上がれなくて，打ち上げに失敗することになる．失敗しないための条件は

$$v' \geq \frac{m_0 g}{\alpha} \tag{6.105}$$

となる．また地球の重力から脱出できる速度は，エネルギー E が 0 以上であればよいから，地球半径 R を使って

$$\frac{1}{2}mv^2 - \frac{GmM}{R} = 0 \tag{6.106}$$

より $v = 11.2\,\text{km/s}$ となる（問題 3.25 参照）．地球からあまり離れていないときにこの速度に達すれば打ち上げ成功となる．

　時間 t までに上がれる高さは，式 (6.104) を積分して

$$x = -\frac{1}{2}gt^2 + \frac{m_0 v'}{\alpha}\left[\left(1 - \frac{\alpha t}{m_0}\right)\ln\left(1 - \frac{\alpha t}{m_0}\right) + \frac{\alpha t}{m_0}\right] \tag{6.107}$$

表 6.1　ロケットの速度と高度

t (s)	1	10	20	30	40	50
v (m/s)	2.8	30.4	67.0	110	161	220
h (m)	1.5	147	629	1510	2862	4764
60	100	150	200	220	221	222
289	685	1655	4390	9840	10930	12760
7305	26100	81400	217400	342000	352300	364000

となる．

アメリカのアポロ計画のサターン・ロケットでは，毎秒 13 トンの燃料を燃やし，噴出するガス速度 2.8 km/s，本体重量約 2900 トンだ．これはもちろん式 (6.105) は満たしている（確かめよ）．この場合を表にしてみると次のようになる．1 分後には重量の約 1/4 を燃やしてしまうが，速度は 290 m/s にしかならない．脱出速度になる時間をみると，$t = 221$ s で $v = 10.9$ km/s（このときの重さ 27 トン），$t = 222$ s で $v = 12.8$ km/s（重さ 14 トン）となり重さが軽くなってから急速に加速する．しかし機体をこんなに軽くして残りを燃料にはできないので，多段式にしてできるだけ早く機体を軽くしなければ打ち上げられない．それで実際のロケットは多段式になっているのだ！

なおロケットの惑星による加速については問題 6.14 を，姿勢制御については問題 7.2 を参照せよ．

問　題

6.1 質量 M の板の上を体重 m の人が l だけ動いた．板はどれだけ動くか？ $M = 5$ kg, $m = 60$ kg, $l = 1$ m だといくらか？

6.2 線密度 ρ，長さ l の一様な鎖が真ん中のところで滑らかな釘にかかって，鉛直下方に垂れ下がっている．片方に滑り出したとき，他方の鎖の長さが h になったときの鎖の速さを求めよ．重力加速度の大きさを g とする．

6.3 二つの球の速度が中心線上にある**直衝突**をしたとき，衝突後のそれぞれの速度を求めよ．$e = 1$，$M_A = M_B$ のとき，片方が静止していたらどうなるか？

6.4 直衝突の場合に，エネルギーが保存するのはどんなときか？

6.5 $e = 1$，$M_A = M_B$ のとき，片方が静止していた場合の衝突では，衝突後の速度は必ず垂直になることを示せ．

6.6 万有引力のときは，一方が固定しているとしたときに比べ，相対座標では実質

108 6 質点系の力学

的に質量が重くなって引力が強くなった運動のようになることを示せ.

6.7 中心力 $\boldsymbol{F} = -k\boldsymbol{r}, (k > 0)$ による運動の角運動量も保存し,運動が 1 平面内で起こることを示せ.

6.8 前問の力を受けた運動も,一般に楕円になることを示せ.また,その周期を求めよ.これは軌道が楕円というだけでは,働いている力が万有引力とならないことを示している.このときの面積速度はどうなるか?

6.9 6.6 節の本文と逆に,式 (6.64) の軌道と面積速度一定 (6.51) から出発して,万有引力が距離の 2 乗に反比例することを示せ.

6.10 実験室系で静止した質量 m の球に同じ質量の球がぶつかる.これを重心系で見たら運動エネルギーは実験室系での何倍か?

6.11 6.8 節の本文の場合に,標的粒子の実験室系での速度を求め,力学的エネルギーが保存していることを確かめよ.

6.12 距離 r を保ちながら質量中心のまわりに角速度 ω で等速円運動している質量 m_1, m_2 の二つの質点の質量中心が,原点から h 離れた直線上を速度 V で等速直線運動している.このとき,この質点系の全運動量と原点のまわりの角運動量の大きさを求めよ.

6.13 ばね定数 k の軽いばねで結ばれた質量 m_1 および m_2 の二つの質点を,それらを結ぶ直線上で微小振動させる.
(a) この振動の周期を求めよ.
(b) $m_1 + m_2$ が一定のとき,周期を最も長くするように m_1 と m_2 を定めよ.

6.14 質量 m のロケットが速度 v でやってきて,速度 V でやってくる質量 M の惑星と散乱する.そのあとのロケットの速度を求め,$M \gg m$ のときロケットが加速されることを示せ.

6.15 6.9 節のロケットの運動につき,切り離しをした場合,ロケットの速度は

$$v = -gt - \sum_i v'_i \ln \frac{m_i(t)}{m_{i0}} \tag{6.108}$$

で与えられることを示せ.v'_i, m_{i0} は,各段での噴射速度と切り離し後の質量である.

6.16 半径 a の球形の雨滴が,霧の中を $t = 0$ で $v = 0$ で落下し始めた.質量の増加が (1) 雨滴の質量と速度に比例(比例定数 k)するとき,(2) 雨滴の表面積に比例(比例定数 k')するとき,雨滴の加速度を求めよ.ただし水の密度を ρ とする.

7 剛体の力学

力学の最後の話題として，ここでは物体に大きさがある剛体の場合の取り扱いを議論しよう．ここでの取り扱いは実用上大切だが，その分難しい部分も多くなる．

7.1 剛体の運動方程式とつりあい

剛体とは大きさをもつ変形しない物体だ．これは一つの質点系で，各質点の間隔が一定に保たれている物体と見なすことができる．まず最初に，そのような剛体の運動を表すには，いったい何個の変数が必要かということを考えよう．

剛体の中に一直線上にない3個の点 P_1, P_2, P_3 を考えたとき，これらの位置が決まれば剛体の位置，方向は決まる．1個の点は3個の変数で決まるから，全体で9個の変数がいる．しかし剛体がどんな位置にあろうと，$\overline{P_1P_2}, \overline{P_2P_3}, \overline{P_3P_1}$ は一定だから，独立な変数の数は6個になる．これを系の**自由度**が6であるという．N 個の質点の場合は，$3N$ 個の自由度があるから，格段に自由度が少ないことがわかる．これはもちろん各質点の間の距離が一定に保たれていることによる．

具体的には図7.1のように，剛体の上に固定した x, y, z と平行な座標 x', y', z' を考えれば，剛体の運動はその原点 O' の運動と x', y', z' 軸のまわりの回転とで指定できる．したがって6個の変数でその運動を記述できるわけだ．この原点 O' を重心にとっておくのが便利だ．

剛体の従う運動方程式は，まず重心の満たす運動方程式 (6.9)

$$\dot{P} = F \tag{7.1}$$

および，回転を記述する式 (6.14)（固定点まわり）または式 (6.27)（重心のまわり）

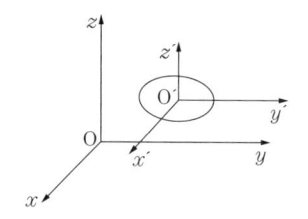

図 7.1　剛体の運動

$$\dot{\boldsymbol{L}} = \boldsymbol{N}, \quad \dot{\boldsymbol{L}}' = \boldsymbol{N}' \tag{7.2}$$

である．これで成分で 6 個の方程式があるから，剛体の運動が決定できる．

ここで重心の運動と回転が分離して扱えることに注意しておこう．これは質点系の場合に，重心と相対運動が独立になったのと同じ事情である．

また，剛体では各質点間の距離は一定に保たれる．だから，全質点を考えれば，内力のする仕事は常に 0 になり，内力の位置エネルギーは考えなくてよい．位置エネルギーとしては，外力によるものだけを考えればよい．ただし質点になかったエネルギーとして，回転によるものがあることに注意せよ．

こうして剛体のどんな運動でも，式 (7.1) と式 (7.2) で決めることができる．しかしこれを最初から一般的に扱うのはたいへんなので，やさしい順に，順を追って考えていこう．

まず，剛体が止まっているときはどうなるか？そのように剛体がつりあう条件は，$\boldsymbol{P}$ も $\boldsymbol{L}$ も 0 だから

$$\boldsymbol{F} = 0, \quad \boldsymbol{N} = 0 \tag{7.3}$$

である．

7.2　固定軸をもつ剛体の運動と角運動量

次に簡単な場合として，剛体が固定軸をもっていてそのまわりにしか回転が許されない場合を考えてみよう．この場合自由度は 1 で，軸のまわりの回転角だけが変数だ．それを θ とし，固定軸を z 軸にとろう．

この場合，運動方程式は式 (7.2) の z 成分

7.2 固定軸をもつ剛体の運動と角運動量

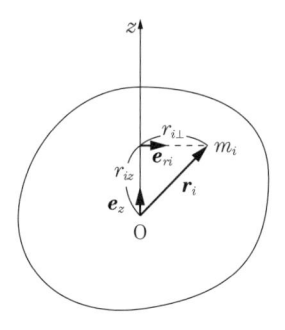

図 7.2 位置ベクトルの分解

$$\dot{L}_z = N_z \tag{7.4}$$

だけとなる．式 (7.1) や式 (7.2) のほかの成分は恒等式として満たされている．

この式だけをながめていても，L_z が具体的に何なのかわからないのでどうしようもない．そこで，前に述べたように，剛体を小さな質点 m_i の集まりと見なして，L_z を m_i やその位置を使って表すことを考えよう．

まず剛体の中の任意の質点 m_i の位置ベクトルを，図 7.2 のように z 軸に平行な成分とそれに垂直な成分に分ける．後者は 2 次元の極座標で書いておく．

$$\bm{r}_i = r_{zi}\bm{e}_z + r_{i\perp}\bm{e}_{ri} \tag{7.5}$$

式 (1.25) により，これを時間で微分すれば

$$\dot{\bm{r}}_i = \dot{r}_{zi}\bm{e}_z + \dot{r}_{i\perp}\bm{e}_{ri} + r_{i\perp}\dot{\theta}_i\bm{e}_{\theta i} \tag{7.6}$$

を得る．角運動量の定義を思い出せば，z 成分は L_z に寄与せず

$$\begin{aligned}L_z &= \sum_i [r_{i\perp}\bm{e}_{ri} \times m_i(\dot{r}_{i\perp}\bm{e}_{ri} + r_{i\perp}\dot{\theta}_i\bm{e}_{\theta i})]_z \\ &= \sum_i m_i r_{i\perp}^2 \dot{\theta}_i \end{aligned} \tag{7.7}$$

となる．$\dot{\theta}_i$ は剛体内の各点で共通で（i によらない），**角速度** ω とよぶ．これが剛体の回転を決める量になる．そこで，この軸に関する**慣性モーメント**を

$$I_z = \sum_i m_i r_{i\perp}^2 \tag{7.8}$$

で定義すれば，I_z は剛体に固有の量で，固定軸を決めれば決まるものだ．これを使えば，角運動量は

$$L_z = I_z \omega \tag{7.9}$$

と書けることがわかる．この式は単に z 成分に対してだけでなく，各成分についても成り立つ．

こうして剛体の回転の角速度 ω を決める運動方程式は，式 (7.4) から

$$I_z \dot{\omega} = N_z \tag{7.10}$$

となることがわかる．I_z はその名の示すように，剛体の回転しにくさを表している．式 (7.10) によって外力のモーメントが与えられれば，ω の変化する速さが決まり，運動が決まる．

特に式 (7.10) からすぐわかることは，外力のモーメントが 0 のときは，角運動量 $I_z \omega$ は保存することである．フィギュアスケートで腕を縮めたとき回転が速くなるのは，式 (7.8) からわかるように I_z が小さくなるので，角運動量を一定に保つために角速度が大きくなるからである．

7.3　慣性モーメント

慣性モーメントは重要な量であるから，これをいろいろな形の物体に対して知っておく必要がある．しかし物体の形だけでなく，その軸のとり方にもよるからそれらを全部計算することは無理だ．ところがうまいことに，重心のまわりのものを計算しておけばよいという次の平行軸の定理が成り立つ．

剛体のある軸のまわりの慣性モーメントを I，これと平行な重心を通る軸に関する慣性モーメントを I_G，二つの軸の距離を d，剛体の質量を M とすれば

$$I = I_G + Md^2 \tag{7.11}$$

が成り立つ．

これを証明するには，定義に従って計算すればよい．考えている軸を z 軸として，重心の座標を (x_G, y_G, z_G)，重心から見た各質点の座標を (x'_i, y'_i, z'_i) とすれば，求める慣性モーメントは

$$I = \sum_i m_i [(x_G + x'_i)^2 + (y_G + y'_i)^2]$$

$$= M(x_G^2 + y_G^2) + \sum_i 2m_i(x_G x_i' + y_G y_i') + \sum_i m_i(x_i'^2 + y_i'^2) \quad (7.12)$$

この第 1 項は $Md^2 (M = \sum_i m_i)$, 第 2 項は式 (6.19) によって 0, 第 3 項は I_G であり, 式 (7.11) が得られた. そこで, 以下では図 7.3 に示したいろいろな場合の慣性モーメントを求めておこう.

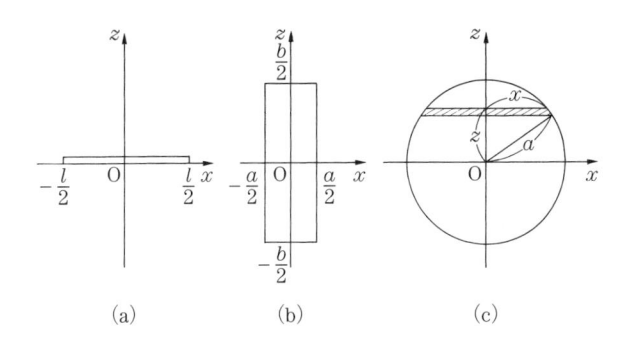

図 7.3 慣性モーメント

例題 7.1 細い一様な棒（質量 M, 長さ l）の中心を通り，これに垂直な軸のまわりの値.

棒の線密度を ρ とすれば，図 7.3(a) により

$$I_G = \int_{-l/2}^{l/2} x^2 \rho dx = \frac{\rho l^3}{12} \quad (7.13)$$

$M = \rho l$ だから

$$I_G = \frac{Ml^2}{12} \quad (7.14)$$

例題 7.2 一様な長方形（2 辺の長さ a, b）の板（質量 M）の中心を通り一辺（長さ b）に平行な軸のまわりの値.

板の面密度を σ とすれば，図 7.3(b) により

$$I = \int_{-a/2}^{a/2} x^2 (\sigma b dx) = \sigma b \frac{a^3}{12} = \frac{Ma^2}{12} \quad (7.15)$$

b によらず式 (7.14) と同じになる. もし一辺を軸とすれば, 平行軸の定理により

$$I_N = I + M\left(\frac{a}{2}\right)^2 = \frac{Ma^2}{3} \tag{7.16}$$

例題 7.3 一様な円板（質量 M, 半径 a）の中心軸のまわりの値.

板の面密度を σ として，円板を幅 $\mathrm{d}r$ の同心の輪に分けて

$$I = \int_0^a r^2(\sigma 2\pi r \mathrm{d}r) = 2\pi\sigma \frac{a^4}{4} = \frac{Ma^2}{2} \tag{7.17}$$

例題 7.4 一様な球（質量 M, 半径 a）の中心軸のまわりの値.

軸を z 軸にとる（図 7.3(c)）．z と $z+\mathrm{d}z$ にはさまれた円板の慣性モーメントは，例題 7.3 により

$$\rho\pi x^2 \mathrm{d}z \cdot \frac{x^2}{2} = \frac{\rho\pi}{2}(a^2 - z^2)^2 \mathrm{d}z \tag{7.18}$$

したがって

$$I = \frac{\rho\pi}{2}\int_{-a}^{a}(a^2 - z^2)^2 \mathrm{d}z = \frac{2}{5}Ma^2 \tag{7.19}$$

例題 7.5 一様な中空の球面（質量 M, 半径 a）の中心軸のまわりの慣性モーメント.

図 7.3(c) で長さ a の軸が x 軸となす角を θ とすれば，球面上の斜線部のもつ慣性モーメントを加え合せたものとして

$$\int_{-\pi/2}^{\pi/2}(a\mathrm{d}\theta 2\pi a\cos\theta\rho)(a\cos\theta)^2 = 4\pi\rho a^4 \int_0^{\pi/2}\cos^3\theta \mathrm{d}\theta \tag{7.20}$$

となる．ここで $\sin\theta = x$ と変数変換してこれを計算すると

$$\frac{2}{3}Ma^2 \tag{7.21}$$

を得る．チェックとしてこれを使って前問の答を出して見よ．

例題 7.6 車の発進．

図 7.4 のような，質量 M の車を考える．重心は高さ h, 後輪から前側に l の長さのところにあるとし，前輪と後輪の接地位置の間隔を L とする．車が急発進したら，後輪が空転しながら走り出した．路面とタイヤの動摩擦係数を μ' とし，タイヤの慣性モーメントは無視できるとする．前後輪にかかる垂直抗力を求め，前輪が浮き上がらないための条件を求めよ．

前輪の垂直抗力を N_1, 後輪の垂直抗力を N_2, 車の加速度を α とすると，鉛直方向と水平方向の力のつりあいから

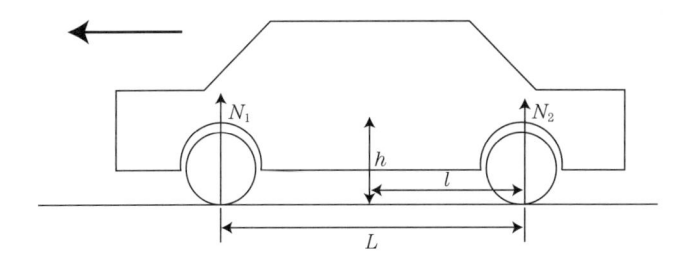

図 **7.4** 自動車の運動

$$M\alpha = \mu' N_2, \qquad N_1 + N_2 = Mg \tag{7.22}$$

また後輪の接地位置のまわりの力のモーメントのつりあいより

$$-LN_1 + lMg - hM\alpha = 0 \tag{7.23}$$

第1式と第3式より

$$-LN_1 + lMg - h\mu' N_2 = 0 \tag{7.24}$$

これに第2式を入れると

$$LN_1 + h\mu'(Mg - N_1) = lMg \tag{7.25}$$

すなわち

$$N_1 = \frac{l - h\mu'}{L - h\mu'} Mg, \qquad N_2 = \frac{L - l}{L - h\mu'} Mg \tag{7.26}$$

したがって,前輪が浮き上がらないための条件は

$$l \geqq h\mu', \qquad L > h\mu' \tag{7.27}$$

となる.

例題 **7.7** 実体振り子.

剛体を一つの水平軸で支え,そのまわりに自由に回転できるようにしたものを実体振り子という.剛体の質量を M,軸のまわりの慣性モーメントを I,重心から軸に下ろした垂線の長さを h,それが鉛直線となす角を θ とすると,式 (7.10) により

$$I\ddot{\varphi} = -Mgh\sin\theta \tag{7.28}$$

これを式 (2.44) と比べると、長さが

$$l = \frac{I}{Mh} \tag{7.29}$$

の振り子と同じだ．これを**等価単振り子の長さ**という．微小振動のときは周期

$$T = 2\pi\sqrt{\frac{I}{Mgh}} \tag{7.30}$$

の単振動だ．もちろん，エネルギーも保存しているので，それを用いて（微分して）運動を決めることもできる．

例題 7.8　定滑車．

図 7.5 に示すように，質量 M，半径 a の定滑車に軽い糸を巻きつけ，糸の自由端に質量 m のおもりをつるす．おもりの落下する加速度および糸の張力を求めよ．

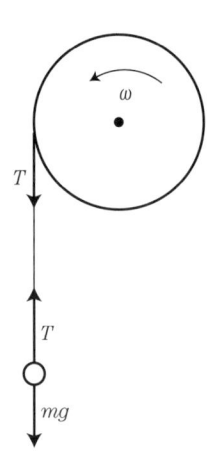

図 7.5　定滑車

糸の張力を T とする．運動方程式は

$$m\frac{d^2x}{dt^2} = mg - T, \qquad I\dot{\omega} = aT \tag{7.31}$$

ただし $I = (1/2)Ma^2$ は定滑車の慣性モーメントである．いま $a\omega = dx/dt$ の関係があるので

$$m\frac{d^2x}{dt^2} = mg - \frac{I}{a^2}\frac{d^2x}{dt^2} \tag{7.32}$$

したがって

$$\frac{d^2x}{dt^2} = \frac{2mg}{2m+M}$$
$$T = \frac{I}{a^2}\frac{d^2x}{dt^2} = \frac{mMg}{2m+M} \tag{7.33}$$

$M=0$ ならば加速度は g になる！回転させるための力がいらないからである．

7.4 剛体の平面運動（ヨーヨーの運動）とエネルギー

今度はもう少し複雑で，軸も運動する場合を考えよう．まず，すべての外力が重心 G を通る一つの平面（x–y）内で働き，したがって G は x–y 平面内だけで運動し，z 軸から見たときだけ回転しているような場合を考える．最後の例で考えるヨーヨーのような運動だ．この場合，自由度は 3 になる（x–y 平面内での位置とそのまわりの回転角）．

重心 G の運動は

$$M\ddot{x} = F_x, \qquad M\ddot{y} = F_y \tag{7.34}$$

で与えられる．また重心のまわりの角運動量の式により

$$\dot{L}_{Gz} = N_{Gz} \tag{7.35}$$

を得る．この右辺は重心のまわりのモーメントである．また重心のまわりの慣性モーメントを I_G とすれば

$$L_{Gz} = I_G \omega \tag{7.36}$$

となる．これで運動が決定される．

　場合によっては，エネルギーを使うのが便利である．運動エネルギーは式 (6.23) によって

$$T = \frac{1}{2}M\dot{\boldsymbol{R}}^2 + \frac{1}{2}\sum_i m_i (r'_i \omega)^2$$
$$= \frac{1}{2}M\dot{\boldsymbol{R}}^2 + \frac{1}{2}I_G \omega^2 \tag{7.37}$$

となる．この第 1 項は重心が動くことによる運動エネルギー，第 2 項はそのまわりの回転運動によるエネルギーを表している．

例題 7.9 半径 a, 質量 M の一様な球が, 傾斜角 α の斜面を滑らないでころがり落ちるときの運動を調べよ.

斜面に沿って下向きに x 軸をとる. 摩擦力を F とすると, 運動方程式は

$$M\ddot{x} = Mg\sin\alpha - F \\ I\dot{\omega} = Fa \tag{7.38}$$

である. しかしこれだけでは, 三つの未知数 x, ω, F があって運動が決まらない. ところが, いまの場合, 球が滑らないということから x と ω に特別の関係がある. つまり滑らない条件から

$$\dot{x} = a\omega \tag{7.39}$$

が成り立つ. そこで, 球の慣性モーメント $I = (2/5)Ma^2$ を用いて, 式 (7.38) から $\ddot{x}$ と F を求めると

$$\ddot{x} = \frac{5}{7}g\sin\alpha, \qquad F = \frac{2}{7}Mg\sin\alpha \tag{7.40}$$

を得る. 単純に滑り落ちるときよりゆっくりになる. これは, 止まっていた球を回転させるのに時間がかかるためだ.

また乗っているのが円板ならば, I を $I = Ma^2/2$ として解き直して

$$\ddot{x} = \frac{2}{3}g\sin\alpha \tag{7.41}$$

となる. 円板の方がさらにゆっくり落ちることがわかる. 球よりも回転軸から遠いところに質量があって, 回転にさらに余分に時間がかかるためだ. このことは, 実際 I が大きいことからもわかる.

いまは摩擦力が仕事をしないので, この結果はエネルギー保存則からも得られる. 全体のエネルギーは式 (7.37) により

$$E = \frac{1}{2}M\dot{x}^2 + \frac{1}{2}I\omega^2 - Mgx\sin\alpha \tag{7.42}$$

である. この第 3 項は位置のエネルギーである. これを時間で微分すれば, ただちに x の満たす方程式が得られる.

例題 7.10 前問で球が滑るときはどうなるか.

動摩擦係数を μ' とすれば, 方程式 (7.38) は同じだが, 式 (7.39) の代わりに

$$F = M\mu' g\cos\alpha \tag{7.43}$$

が成り立つ．それで

$$\ddot{x} = g(\sin\alpha - \mu'\cos\alpha) \tag{7.44}$$

このような滑る運動が起こるのは，この右辺が正のとき（ころがり落ちる条件）だから

$$\tan\alpha > \mu' \tag{7.45}$$

のときであることがわかる．この場合は，摩擦力が仕事をするのでエネルギーは保存しないことに注意．また，式 (7.38) から $\dot{\omega}$ を求めると $a\dot{\omega} = (5/2)\mu'g\cos\alpha$ となるので

$$\ddot{x} - a\dot{\omega} = g\left(\sin\alpha - \frac{7}{2}\mu'\cos\alpha\right) \tag{7.46}$$

を得る．この右辺が正だと滑り落ちる方が転がりより勝ち，負だと逆になる．すなわち

$$\tan\alpha > \frac{7}{2}\mu' \quad \rightarrow \quad \text{滑る方が大きくなる}$$
$$\tan\alpha < \frac{7}{2}\mu' \quad \rightarrow \quad \text{転がる方が大きくなる}$$

これは直感と一致している．

例題 7.11　ボーリングの球．

図 7.6 のように，半径 a，質量 M のボーリングの球を回転させずに初速度 v_0 で滑らせる．球が滑らずに転がり出すまでの時間を求めよ．ただし，球と床の動摩擦係数を μ'，重力加速度を g とする．

運動方程式は

$$M\frac{\mathrm{d}v}{\mathrm{d}t} = -\mu'Mg, \qquad I\dot{\omega} = a\mu'Mg \tag{7.47}$$

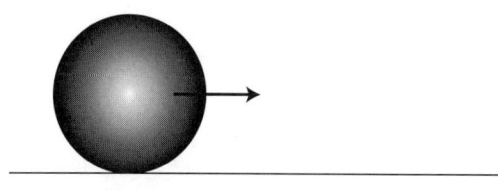

図 **7.6**　ボーリングの球

ただし $I = (2/5)Ma^2$. $t=0$ で $v = v_0$, $\omega = 0$ で解くと

$$v = -\mu' g t + v_0, \qquad \omega = \frac{5}{2a}\mu' g t \tag{7.48}$$

滑らなくなるのは $v = a\omega$ なので

$$-\mu' g t_0 + v_0 = \frac{5}{2}\mu' g t_0 \tag{7.49}$$

すなわち

$$t_0 = \frac{2v_0}{7\mu' g} \tag{7.50}$$

これはボーリングの球の質量によらないことに注意．例えば，$v_0 = 10$ m/s, $\mu' = 0.1$ とすれば，これは 3 秒くらいになる．これは経験と一致している．

例題 7.12 やじろべえ．

図 7.7 のように，軽く変形しない針金で半径 a の半円をつくり，弧の中心に質量 m，腕の先に質量 M のおもりをつけて足の長さ l のやじろべえをつくる．
(1) やじろべえが倒れないために m, M, a, l の関係を求めよ．
(2) やじろべえが倒れないとき，やじろべえを左右および前後に微小振動したときの周期を求めよ．

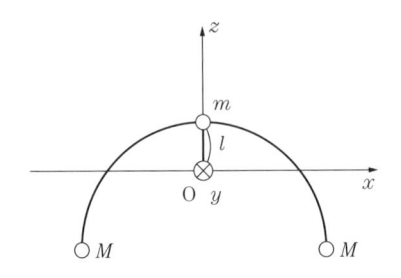

図 **7.7** やじろべえ

(1) やじろべえを支える軸方向に z 軸を，紙面内の左右に x 軸，紙面に垂直に y 軸をとる．原点 O は支えている点とする．やじろべえの重心は z 軸上で

$$z_\mathrm{G} = \frac{lm + (l-a)2M}{m + 2M} \tag{7.51}$$

$z_\mathrm{G} < 0$ ならやじろべえは倒れないので

7.4 剛体の平面運動（ヨーヨーの運動）とエネルギー

$$lm + (l-a)2M < 0, \quad \text{すなわち} \quad l < \frac{2Ma}{m+2M} \tag{7.52}$$

(2) やじろべえの x 軸と y 軸まわりの慣性モーメントは

$$I_x = ml^2 + 2M(l-a)^2, \qquad I_y = ml^2 + 2M[a^2 + (l-a)^2] \tag{7.53}$$

で与えられる．やじろべえが鉛直から θ だけ傾いたとき，x–z 平面で傾いても y–z 平面で傾いても，どちらの場合も力のモーメントは

$$N = -(m+2M)g|z_G|\sin\theta = -|lm + (l-a)2M|g\sin\theta \tag{7.54}$$

となる．θ は小さいとして，単振動の角振動数は

$$\begin{aligned}\omega_x^2 &= \frac{|lm + (l-a)2M|}{ml^2 + 2M(l-a)^2}g \\ \omega_y^2 &= \frac{|lm + (l-a)2M|}{ml^2 + 2M[a^2 + (l-a)^2]}g\end{aligned} \tag{7.55}$$

したがって周期は

$$\begin{aligned}T_x &= 2\pi\sqrt{\frac{ml^2 + 2M(l-a)^2}{|lm + (l-a)2M|g}} \\ T_y &= 2\pi\sqrt{\frac{ml^2 + 2M[a^2 + (l-a)^2]}{|lm + (l-a)2M|g}}\end{aligned} \tag{7.56}$$

例題 7.13　ヨーヨーの運動．

質量 M，半径 a の一様な円板で，半径 ar $(r \leq 1)$ のところの円周の周囲に糸が巻いてある．板を鉛直にし，糸も鉛直にしてその端をもって静かに円板を放すとどうなるか．

糸の張力 T は鉛直に向いているので，重心は水平方向には動き出さない．鉛直下向きに x 軸をとれば，

$$\begin{aligned}M\ddot{x} &= Mg - T \\ I_0 \frac{\ddot{x}}{ar} &= Tar\end{aligned} \tag{7.57}$$

ここで糸が滑らないことから，角速度を x を使って $\dot{x}/ar$ として代入してある．これから $I_0 = Ma^2/2$ だから

$$\ddot{x} = \frac{2r^2}{1+2r^2}g \tag{7.58}$$

を得る．これで $r=1$ としたものは式 (7.41) で，$\alpha = \pi/2$ の場合に一致する．

これを積分して

$$\dot{x} = \frac{2r^2}{1+2r^2}gt, \qquad x = \frac{r^2}{1+2r^2}gt^2 \tag{7.59}$$

ここで $t=0$ で $\dot{x} = x = 0$ とした．

長さ l になる時間を見ると，$t_0 = \sqrt{(1+2r^2)l/r^2g}$，そのときの速度は $v_0 = \sqrt{4r^2gl/(1+2r^2)}$ となる．そのとき突然円周上の糸側の一端 P が固定したとする．糸が伸びきって，円板上の糸のついている点 P が固定されたときだ（図 7.8(a)）．そのとき働く力は P 点を通るから，P のまわりの角運動量は保存する．したがって，P のまわりの角速度 ω' は式 (7.9) により

$$Mv_0 ar + \frac{Ma^2}{2}\frac{v_0}{ar} = \left(\frac{Ma^2}{2} + Ma^2 r^2\right)\omega' \tag{7.60}$$

すなわち

$$\omega' = \frac{2}{a}\sqrt{\frac{gl}{1+2r^2}} \tag{7.61}$$

となる．このとき働く力は撃力で，一般にはエネルギーを保存しない．しかしいまの場合は円板が滑っておらず，働く力が運動と垂直になってエネルギーは保存している．実際それが最初にもっていた位置のエネルギー Mgl に等しいことを確かめよ．したがってこの場合ヨーヨーは同じ高さまで戻る．

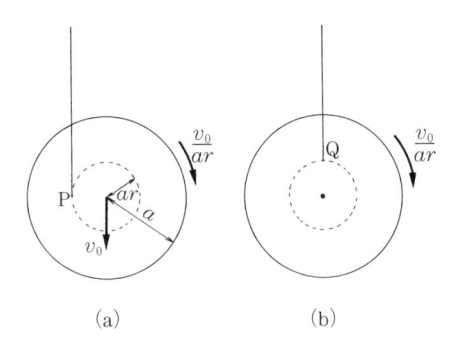

図 **7.8** ヨーヨーの運動

実際のヨーヨーでは，糸が伸びきったとき，その糸側が固定して重心がそのまわりを回転するのではなく，重心はそのまま運動し，糸の位置が真上にきた点 Q で固定する（図 7.8(b)）．そのため重心運動に関して衝突のようになり（ちょうどしっぽを捕まえられたようになる），折り返し点でエネルギーを失う．しかし角運動量は保存する．今度は重心の運動方向と固定した点 Q が一直線上にあるため，式 (7.60) の左辺第 1 項の重心による角運動量がない．そこで式 (7.60) の第 1 項を落として計算すれば，折り返し点での固定端のまわりの角速度は

$$\omega'' = \frac{2\sqrt{gl}}{a(1+2r^2)^{3/2}} \tag{7.62}$$

となる．したがって，固定端 Q のまわりの慣性モーメントは式 (7.11) により $Ma^2/2 + M(ar)^2$ だから，エネルギーは

$$\frac{1}{2}\left(\frac{Ma^2}{2} + Ma^2r^2\right)\omega''^2 = \frac{Mgl}{(1+2r^2)^2} \tag{7.63}$$

に減少する[*1]．もし $r=1$ ならこれは最初のエネルギーの実に 1/9 だ．半径が小さいほどエネルギー損失は小さい．ヨーヨーの糸の巻いてある軸の半径が小さいのは，こういう理由だ．途中で摩擦によりエネルギーを失うということもあるので，ヨーヨーは元に戻らない．そこで折り返し点直前でクイッと引いて回転を速め，エネルギーを補給してやることになる．

例題 7.14 　生卵とゆで卵．

最後に生卵とゆで卵を見分けるのに，いままでの知識が使える．それはゆで卵では内部が固まっているから，回したときスッと回る．これに対し生卵は内部が固まっていないので殻だけが空回りして，手を放せばすぐに止まってしまう．これはやってみると非常にうまくいく．また坂を転げ落とすと，生卵は殻だけが空回りするが，その場合の慣性モーメントは小さいので，ゆで卵より速く転げ落ちるという説もある．だけどこれはやってみてもあまりうまくいかないようだ．殻だけが空回りすることはないためだと考えられる．

[*1] 厳密には，ヨーヨーがさらに ar だけ下がっていることと，糸の位置が真上で固定しない効果も考える必要があるが，ここでは無視する．

7.5 撃力

短い時間に強い力が働くとき，それを撃力ということは質点の場合にすでに述べた．ここでそれが剛体に働くときを考える．

撃力の働く時間は短いので，その間の剛体の位置の変化は無視できるとしよう．式 (7.1), (7.2) を撃力の働いている時間だけ積分して

$$\begin{aligned} \bm{p}(t_2) - \bm{p}(t_1) &= \int_{t_1}^{t_2} \bm{F} \mathrm{d}t \equiv \overline{\bm{F}} \\ \bm{L}(t_2) - \bm{L}(t_1) &= \int_{t_1}^{t_2} \bm{N} \mathrm{d}t \equiv \overline{\bm{N}} \end{aligned} \qquad (7.64)$$

を得る．右辺はそれぞれ撃力の力積と力積のモーメントだ．これを使って運動を調べることになる．

例として，図 7.9 のように静止している棒に垂直に撃力が与えられた場合を考えよう．その点の重心からの距離を h，棒の質量を m，打撃直後の速度成分を (u, v) とすれば

$$mu = \overline{F}, \qquad mv = 0, \qquad I_\mathrm{G} \omega = \overline{F} h \qquad (7.65)$$

が成り立つ．したがって

$$u = \overline{F}/m, \qquad v = 0, \qquad \omega = \overline{F} h / I_\mathrm{G} \qquad (7.66)$$

となる．

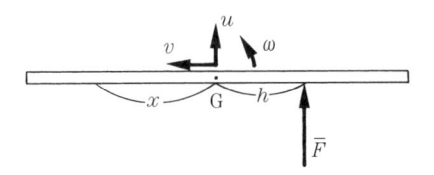

図 7.9 棒への打撃

この棒の上の点の横方向の速度は，重心からの距離を x として

$$u - \omega x = \frac{\overline{F}}{m}\left(1 - \frac{mhx}{I_\mathrm{G}}\right) \qquad (7.67)$$

となる．したがって

$$x = I_{\mathrm{G}}/mh \tag{7.68}$$

の点は動かない．これを**衝撃の中心**という．野球でボールを打ったとき手がしびれたり，バットが折れたりするのは，この点を打者がもっているかどうかによる．

7.6 剛体の回転運動

ここでは剛体の一般的な運動を取り扱おう．それは重心またはある固定点の運動と，そのまわりの回転運動に分けられる．重心の運動は質点と同じなので，ここではそのうちの一般の回転運動を取り扱うことにする．必要ならば，後で重心の運動をつけ加えておけばよい．

7.6.1 慣性テンソル

まず剛体の回転に，ある固定点 O があるときの運動を考えよう．これが重心と一致している場合も取り扱いは同じになるので，区別しないで話を進めよう．剛体の各瞬間の運動は，O を通る回転軸とそのまわりの角速度 ω で指定される．これを回転軸と同じ方向で，大きさが ω の，回転させたとき右ねじが進む向きを向いた角速度ベクトル $\boldsymbol{\omega}$ で表す．

このとき図 7.10 のように，剛体は微小時間 dt の間に $\boldsymbol{\omega}$ のまわりに角 ωdt だけ回転する．ωdt が小さい間は，剛体上の点 $\boldsymbol{r}_i$ は，$\boldsymbol{\omega}$ と $\boldsymbol{r}_i$ の両方に垂直な方向に $(|\boldsymbol{r}_i|\sin\alpha_i)\omega dt$ だけ動くと考えてよい．ただし α_i は $\boldsymbol{\omega}$ と $\boldsymbol{r}_i$ のなす角だ．それでこの点の速度は，向きまで含めて

$$\dot{\boldsymbol{r}}_i = \boldsymbol{\omega} \times \boldsymbol{r}_i \tag{7.69}$$

と書いてよいことがわかる．したがって剛体の運動量は

$$\boldsymbol{p} = \sum_i m_i \dot{\boldsymbol{r}}_i = \boldsymbol{\omega} \times \sum_i m_i \boldsymbol{r}_i = \boldsymbol{\omega} \times M\boldsymbol{R} \tag{7.70}$$

となる．

次に点 O のまわりの角運動量は

$$\boldsymbol{L} = \sum_i m_i(\boldsymbol{r}_i \times \dot{\boldsymbol{r}}_i) = \sum_i m_i \boldsymbol{r}_i \times (\boldsymbol{\omega} \times \boldsymbol{r}_i) \tag{7.71}$$

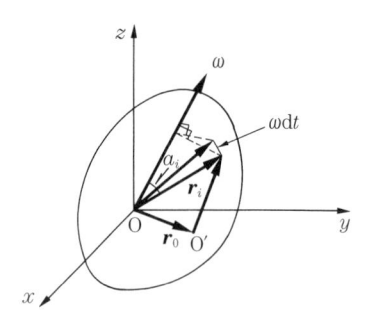

図 **7.10** 剛体の回転

となる．ここでこの中味を計算してみると

$$[\bm{r} \times (\bm{\omega} \times \bm{r})]_x = y(\omega_x y - \omega_y x) - z(\omega_z x - \omega_x z)$$
$$= (y^2 + z^2)\omega_x - xy\omega_y - zx\omega_z$$
$$= \bm{r}^2 \omega_x - (\bm{r} \cdot \bm{\omega})x \tag{7.72}$$

となるので

$$L_x = \sum_i m_i(y_i^2 + z_i^2)\omega_x - \sum_i m_i x_i y_i \omega_y - \sum_i m_i z_i x_i \omega_z \tag{7.73}$$

を得る．剛体に固定した座標 $\bm{r}_i = (x_{i1}, x_{i2}, x_{i3})$ で表しても，これはやはり同じ形

$$L_1 = \sum_i m_i(x_{i2}^2 + x_{i3}^2)\omega_1 - \sum_i m_i x_{i1} x_{i2} \omega_2 - \sum_i m_i x_{i1} x_{i3} \omega_3 \tag{7.74}$$

となる．$(\omega_1, \omega_2, \omega_3)$ は，この剛体に固定した座標系でのそれぞれの軸のまわりの角速度だ．

ここで角速度 $\bm{\omega}$ はどの点のまわりに考えているかによらないということに注意しておこう．これを説明するために，例えば図 7.10 の点 O が速度 $\bm{v}$ で動いていたとする．このとき点 $\bm{r}_i$ は式 (7.69) に点 O の速度を加えた

$$\bm{v} + \bm{\omega} \times \bm{r}_i \tag{7.75}$$

の速度で動く．ここで別の点 O′ を中心として見たときの角速度ベクトルを $\bm{\omega}'$，O′ の速度を $\bm{v}'$ とすれば，同じ点 $\bm{r}_i$ は

$$v' + \omega' \times (r_i - r_0) \tag{7.76}$$

の速度となる．これらはどんな r_i でも同じでなければならないから，

$$v = v' - \omega' \times r_0, \qquad \omega' = \omega \tag{7.77}$$

が成り立つ．すなわち，角速度ベクトルはどんな座標系で見ても同じベクトルになっている（成分は座標系で異なる）．

角運動量のほかの成分も同様の結果が得られるので，行列で表すと

$$\begin{pmatrix} L_1 \\ L_2 \\ L_3 \end{pmatrix} = \begin{pmatrix} I_{11} & I_{12} & I_{13} \\ I_{21} & I_{22} & I_{23} \\ I_{31} & I_{32} & I_{33} \end{pmatrix} \begin{pmatrix} \omega_1 \\ \omega_2 \\ \omega_3 \end{pmatrix} \equiv \boldsymbol{I} \cdot \boldsymbol{\omega} \tag{7.78}$$

と書ける．ここで

$$\begin{aligned}
I_{11} &= \sum_i m_i (x_{i2}^2 + x_{i3}^2) \\
I_{22} &= \sum_i m_i (x_{i3}^2 + x_{i1}^2) \\
I_{33} &= \sum_i m_i (x_{i1}^2 + x_{i2}^2)
\end{aligned} \tag{7.79}$$

$$\begin{aligned}
I_{12} &= I_{21} = -\sum_i m_i x_{i1} x_{i2} \\
I_{23} &= I_{32} = -\sum_i m_i x_{i2} x_{i3} \\
I_{31} &= I_{13} = -\sum_i m_i x_{i3} x_{i1}
\end{aligned} \tag{7.80}$$

である．I_{11}, I_{22}, I_{33} はそれぞれ剛体に固定した $1, 2, 3$ 軸に関する慣性モーメントであり，$-I_{12}, -I_{23}, -I_{31}$ はそれぞれ 1–2, 2–3, 3–1 軸に関する**慣性乗積**とよばれる．また式 (7.78) の右辺にある 3 行 3 列の行列の量を**慣性テンソル**とよぶ．式 (7.78) の $\boldsymbol{I} \cdot \boldsymbol{\omega}$ は，このテンソルとベクトル $\boldsymbol{\omega}$ を行列の意味で掛けてベクトルをつくることを意味する．

剛体の回転運動エネルギーは，式 (7.69) により

$$T = \frac{1}{2} \sum_i m_i \dot{r}_i^2 = \frac{1}{2} \sum_i m_i (\boldsymbol{\omega} \times \boldsymbol{r}_i)^2$$

$$
\begin{aligned}
&= \frac{1}{2}\sum_i m_i[(\omega_2 x_{i3} - \omega_3 x_{i2})^2 + (\omega_3 x_{i1} - \omega_1 x_{i3})^2 \\
&\quad + (\omega_1 x_{i2} - \omega_2 x_{i1})^2] \\
&= \frac{1}{2}\boldsymbol{\omega}\cdot\boldsymbol{L}
\end{aligned}
\tag{7.81}
$$

で与えられる．

7.6.2 慣性楕円体と慣性主軸

前節で見たように，剛体の運動を決めるためには，固定点 O を通る軸のまわりの慣性モーメントが必要になる．それがわかれば，剛体の角運動量がわかり，回転が決まる．そこでここでは，剛体の固定点 O を通る勝手な軸のまわりの慣性モーメントがどうなるかを考えよう．剛体に固定した $1,2,3$ 軸とその軸がなす角の cos を λ, μ, ν とすれば[*2]，回転軸方向の単位ベクトルの成分は (λ, μ, ν) であり，$\lambda^2 + \mu^2 + \nu^2 = 1$ を満たす（図 7.11）．そして質点 i の位置 (x_{i1}, x_{i2}, x_{i3}) と，その回転軸のなす角 θ_i は，質点の位置ベクトルと回転軸方向の単位ベクトル (λ, μ, ν) の内積をとればわかるように，$|\boldsymbol{r}_i|\cos\theta_i = \lambda x_{i1} + \mu x_{i2} + \nu x_{i3}$ を満たすので，この軸まわりの慣性モーメントは

$$
I = \sum_i m_i [\boldsymbol{r}_i^2 - (\lambda x_{i1} + \mu x_{i2} + \nu x_{i3})^2]
\tag{7.82}
$$

となる．そこで $\lambda^2 + \mu^2 + \nu^2 = 1$ を使えば

$$
\begin{aligned}
I &= \sum_i m_i[(\lambda^2 + \mu^2 + \nu^2)(x_{i1}^2 + x_{i2}^2 + x_{i3}^2) - (\lambda x_{i1} + \mu x_{i2} + \nu x_{i3})^2] \\
&= \sum_i m_i[(x_{i2}^2 + x_{i3}^2)\lambda^2 + (x_{i3}^2 + x_{i1}^2)\mu^2 + (x_{i1}^2 + x_{i2}^2)\nu^2 \\
&\quad - 2\mu\nu x_{i2} x_{i3} - 2\nu\lambda x_{i3} x_{i1} - 2\lambda\mu x_{i1} x_{i2}] \\
&= I_{11}\lambda^2 + I_{22}\mu^2 + I_{33}\nu^2 + 2I_{12}\lambda\mu + 2I_{23}\mu\nu + 2I_{31}\nu\lambda
\end{aligned}
\tag{7.83}
$$

を得る．

この式で λ, μ, ν のところに x, y, z を入れて，それを 1 としたものを考える．

$$
I_{11}x^2 + I_{22}y^2 + I_{33}z^2 + 2I_{12}xy + 2I_{23}yz + 2I_{31}zx = 1
\tag{7.84}
$$

[*2] これを**方向余弦**という．

7.6 剛体の回転運動

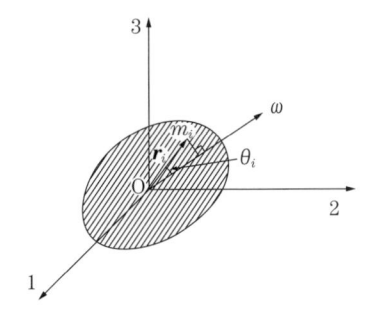

図 **7.11** 勝手な軸のまわりの慣性モーメント

式 (7.84) より

$$x = \frac{\lambda}{\sqrt{I}}, \qquad y = \frac{\mu}{\sqrt{I}}, \qquad z = \frac{\nu}{\sqrt{I}} \tag{7.85}$$

としたものは，この 2 次曲面 (7.84) 上にある．つまりこの 2 次曲面は

$$\text{OP の長さ} = \frac{1}{\sqrt{\text{OP を軸とする慣性モーメント}}} \tag{7.86}$$

を満たす点 P の集まりである．これは一つの楕円体面をつくる．これを**慣性楕円体**という（図 7.12）．

楕円体は中心 O を通り互いに直交する三つの軸をもつ．それを新しい座標系にとれば，慣性楕円体の式 (7.84) は

$$I_1 x'^2 + I_2 y'^2 + I_3 z'^2 = 1 \tag{7.87}$$

という形に書ける．数学的には，式 (7.84) の正値 2 次形式を対角化できるとい

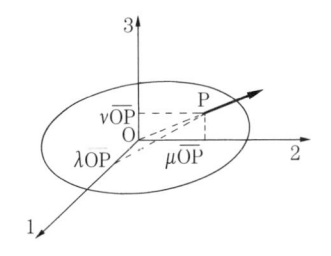

図 **7.12** 慣性楕円体

うことだ．この座標系では，慣性乗積はすべて 0 である．この 3 軸を**慣性主軸**，主軸に対する慣性モーメントを**主慣性モーメント**という．

物体に対称性があるときは，これは容易にわかる．例えば，1–2 面について対称な場合，(x_1, x_2, x_3) と $(x_1, x_2, -x_3)$ に同じ質点があるから，$I_{13} = I_{23} = 0$ となる．対称軸がもう一つあれば，これで慣性主軸がわかる．

7.6.3 オイラーの運動方程式

剛体が勝手な回転をしている場合は，剛体と無関係の固定した空間で見ていると，剛体がいろいろな方向を向くたびに慣性モーメントは変わってしまい不便だ．しかし剛体に固定した座標系で見た場合は，慣性モーメントが運動によらない定数となるので，取り扱いが容易になる．したがって，剛体の回転を記述するには，剛体に固定した座標系によって考えるのがよい．剛体が固定点のまわりに回転していても，重心のまわりに回転していても同じに取り扱えるので，以下ではこれを区別しないで話を進めよう．

角運動量 $\boldsymbol{L}$ の微小時間 dt における変化は，剛体に固定した座標系で見た変化 $d'\boldsymbol{L}/dt$ と，この座標系が ω のまわりに ωdt だけ動いているための変化に分けられる．後者は式 (7.69) の $\boldsymbol{r}_i$ と同じに $\boldsymbol{\omega} \times \boldsymbol{L}$ で与えられるので

$$\dot{\boldsymbol{L}} = \frac{d'\boldsymbol{L}}{dt} + \boldsymbol{\omega} \times \boldsymbol{L} \tag{7.88}$$

が成り立つ．さらに角速度の時間変化は見ている座標によらないから

$$\frac{d'\boldsymbol{L}}{dt} = \boldsymbol{I} \cdot \frac{d'\boldsymbol{\omega}}{dt} = \boldsymbol{I} \cdot \frac{d\boldsymbol{\omega}}{dt} \tag{7.89}$$

したがって運動方程式 $\dot{\boldsymbol{L}} = \boldsymbol{N}$ は

$$\boldsymbol{I} \cdot \frac{d\boldsymbol{\omega}}{dt} + \boldsymbol{\omega} \times (\boldsymbol{I} \cdot \boldsymbol{\omega}) = \boldsymbol{N} \tag{7.90}$$

となる．剛体上の固定軸を慣性主軸に一致させ，主慣性モーメントを I_1, I_2, I_3 とすれば

$$\begin{aligned}\boldsymbol{I} \cdot \frac{d\boldsymbol{\omega}}{dt} &= \sum_{i=1,2,3} I_i \dot{\omega}_i \boldsymbol{e}_i \\ \boldsymbol{\omega} \times (\boldsymbol{I} \cdot \boldsymbol{\omega}) &= \left(\sum_i \omega_i \boldsymbol{e}_i \right) \times \left(\sum_i I_i \omega_i \boldsymbol{e}_i \right)\end{aligned} \tag{7.91}$$

$$= -(I_1-I_2)\omega_1\omega_2 e_3 - (I_2-I_3)\omega_2\omega_3 e_1 - (I_3-I_1)\omega_3\omega_1 e_2$$

$$\bm{N} = \sum_i N_i \bm{e}_i$$

となる．ここで e_1, e_2, e_3 は剛体に固定した座標軸方向の単位ベクトルである．したがって式 (7.90) は

$$\begin{aligned}I_1\dot{\omega}_1 - (I_2 - I_3)\omega_2\omega_3 &= N_1 \\ I_2\dot{\omega}_2 - (I_3 - I_1)\omega_3\omega_1 &= N_2 \\ I_3\dot{\omega}_3 - (I_1 - I_2)\omega_1\omega_2 &= N_3\end{aligned} \tag{7.92}$$

となる．これを**オイラー（Euler）の運動方程式**といい，一般の回転運動を議論するのに使う．

7.7 剛体の自由回転

外力のモーメントが 0 のとき，剛体は自由に回転する．これを**オイラーのこま**という．一様な重力があっても，重心を支えた運動や重心のまわりの運動は自由回転である（地球の自転など）．

7.7.1 対称こま（地球）の自由回転

地球やこまなど，回転体では主慣性モーメントのうち二つが等しい．そこで $I_1 = I_2 = I$ としよう．これを**対称こま**とよぶが，ここでは地球の自転を念頭において話を進めよう．このとき，もちろん I_3 の軸は地軸だ．オイラーの運動方程式は

$$\begin{aligned}I\dot{\omega}_1 - (I - I_3)\omega_2\omega_3 &= 0 \\ I\dot{\omega}_2 - (I_3 - I)\omega_3\omega_1 &= 0 \\ \dot{\omega}_3 &= 0\end{aligned} \tag{7.93}$$

となる．だから地軸まわりの回転は

$$\omega_3 = \omega_0 \text{ (一定)} \tag{7.94}$$

となる．

そこで
$$\frac{I_3 - I}{I}\omega_3 = \nu \text{ (一定)} \tag{7.95}$$
とおけば，式 (7.93) は簡単になって
$$\dot{\omega}_1 + \nu\omega_2 = \dot{\omega}_2 - \nu\omega_1 = 0 \tag{7.96}$$
となる．これから ω_2 を消去して[*3]
$$\ddot{\omega}_1 = -\nu^2 \omega_1 \tag{7.97}$$
を得る．したがって
$$\omega_1 = A\cos(\nu t + \delta) \tag{7.98}$$
が解となる．このとき ω_2 は式 (7.96) によって
$$\omega_2 = -\dot{\omega}_1/\nu = A\sin(\nu t + \delta) \tag{7.99}$$
となる．したがって角速度の大きさは
$$|\boldsymbol{\omega}|^2 = A^2 + \omega_0^2 \tag{7.100}$$
と一定になる．

角運動量は
$$L_1 = IA\cos(\nu t + \delta), \quad L_2 = IA\sin(\nu t + \delta), \quad L_3 = I_3\omega_0 \tag{7.101}$$
となる．$\boldsymbol{N} = 0$ により $\dot{\boldsymbol{L}} = 0$ だから，全角運動量 $\boldsymbol{L}$ は大きさだけでなく方向も変わらないベクトルになる．式 (7.101) が変化しているように見えるのは，単に剛体に固定した座標系で見ているからにすぎない．また
$$\boldsymbol{e}_3 \cdot (\boldsymbol{\omega} \times \boldsymbol{L}) = 0 \tag{7.102}$$
が成り立つ．すなわち $\boldsymbol{e}_3, \boldsymbol{L}, \boldsymbol{\omega}$ は同じ平面内にある．$\boldsymbol{e}_3$ と $\boldsymbol{L}$ のなす角を θ，$\boldsymbol{e}_3$ と $\boldsymbol{\omega}$ のなす角を α とすれば

[*3] フーコー振り子のようにして解いてもよい．

7.7 剛体の自由回転   133

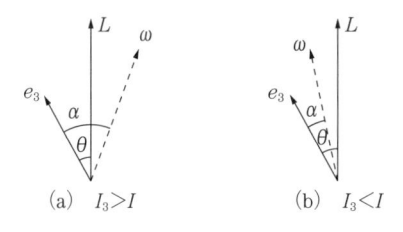

(a) $I_3 > I$

(b) $I_3 < I$

図 **7.13**　オイラーの章動

$$\begin{aligned}\cos\theta &= \frac{\boldsymbol{e}_3 \cdot \boldsymbol{L}}{L} = \frac{I_3\omega_0}{\sqrt{I^2 A^2 + I_3^2 \omega_0^2}} \\ \cos\alpha &= \frac{\boldsymbol{e}_3 \cdot \boldsymbol{\omega}}{\omega} = \frac{\omega_0}{\sqrt{A^2 + \omega_0^2}}\end{aligned} \quad (7.103)$$

と一定になる．図 7.13 に示したように，$I_3 > I$ ならば $\theta < \alpha$，$I_3 < I$ ならば $\theta > \alpha$ となることがわかる．

以上から，$\boldsymbol{\omega}$ の方向は対称軸 $\boldsymbol{e}_3$ と一定の角度 α を保ちながら，そのまわりを一定角速度 ν で回ることがわかった．これを**オイラーの章動**という．

地球の場合 $2\pi/\omega_0$ は 1 日であり，地球が密度の一様な偏平回転楕円体とすれば

$$\frac{I_3 - I}{I} \sim \frac{1}{300} \quad (7.104)$$

なので[*4]，この章動運動の周期 $2\pi/\nu$ は 300 日ぐらいと予想される．夜空を観測して求めたこの周期は約 440 日で**チャンドラー（Chandler）周期**とよばれている．大きさの桁としては合っているが，かなり違う．その差は地球が剛体でないためと考えられている．また自転軸とのずれは非常に小さく，北極でこの 2 軸間の距離は 5 m 以内だそうだ．

7.7.2　固定点のない剛体の自由回転（テニスラケット）

剛体の運動は，重心運動とそのまわりの回転に分けて考えればよい．重心の運動は質点と同様に，質量と外力がすべてそこに集中したと考えて扱える．ここでは，特に対称性はない剛体の自由回転を考えよう．

[*4]　「理科年表」（丸善出版）により，$I \sim 0.3296 MR^2, I_3 \sim 0.3307 MR^2$（$M$ は地球の質量，R は半径）．

すでに述べたように，空中に投げた物体などでは重心まわりの回転は自由回転となる．その場合，オイラーの運動方程式 (7.92) は

$$
\begin{aligned}
I_1\dot{\omega}_1 - (I_2 - I_3)\omega_2\omega_3 &= 0 \\
I_2\dot{\omega}_2 - (I_3 - I_1)\omega_3\omega_1 &= 0 \\
I_3\dot{\omega}_3 - (I_1 - I_2)\omega_1\omega_2 &= 0
\end{aligned}
\tag{7.105}
$$

となる．

これを満たす解として

$$\omega_1 = \omega_0 \text{ (一定)}, \qquad \omega_2 = \omega_3 = 0 \tag{7.106}$$

があることは，代入して確かめられる．どの軸まわりの回転をとっても，この解は存在する．したがって慣性主軸のまわりの一定回転は必ず許される．

だけどテニスをやったことのある人は，テニスのラケットを投げ上げたとき，どの軸のまわりの回転も同じではなく，長い方に沿った回転が起こりやすいという経験があるだろう．そこでこの理由を考えるために，式 (7.106) が安定な解かどうかを考えよう．すなわち小さいけれども ω_2, ω_3 が存在するときを考える．ただし $\omega_2\omega_3$ のような積は 2 次の微小量として無視する．このとき上の式 (7.105) の第 1 式から $\omega_1 = \omega_0$ はいつまでも一定としてよいことがわかる．これをほかの式に入れると

$$
\begin{aligned}
I_2\dot{\omega}_2 &= (I_3 - I_1)\omega_0\omega_3 \\
I_3\dot{\omega}_3 &= (I_1 - I_2)\omega_0\omega_2
\end{aligned}
\tag{7.107}
$$

を得る．これから ω_3 を消去すると

$$\ddot{\omega}_2 = \frac{(I_3 - I_1)(I_1 - I_2)}{I_2 I_3}\omega_0^2\omega_2 \tag{7.108}$$

を得る．この右辺の係数が負ならば単振動となり，ω_2 は 0 のまわりで微小振動して安定になるが，係数が正のときはこの解は指数関数的に大きくなり安定でない．ω_3 も同様だ．したがって式 (7.106) の解が安定な条件は，この係数が負になるとして，I_1 が I_2 と I_3 のどちらよりも大きいか，小さいかのどちらかの場合となる．つまり最初はどの軸まわりの回転も起こると思ったが，主慣性モーメントが最大または最小の慣性主軸のまわりの回転だけが安定だということがわかった（図 7.14）．

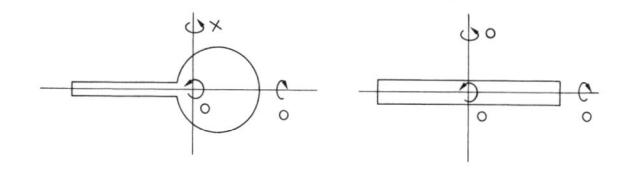

図 7.14　回転の安定性 (○：安定，×：不安定)

実際細長い棒を投げ上げたとき棒の軸まわりの回転は安定であることは，よく経験するところだ．テニスのラケットの場合もこれで説明がつく．

問　題

7.1　図 7.15 のように，滑らかな鉛直の壁の前方 b の床から，長さ a のはしごをかける．はしごの下端に働く摩擦力 F はいくらか？

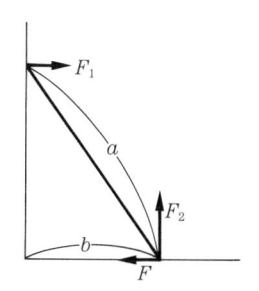

図 7.15　壁にかかるはしご

7.2　ロケットの中で，ある軸のまわり半径 r のところを質量 m の質点（虫など）が角度 θ 回った．ロケットはどうなるか？ロケットの慣性モーメントを I とする（ロケットの姿勢制御）．

7.3　回転椅子に座って何にもさわらないで回るにはどうしたらよいか？

7.4　例題 7.7 で考えた実体振り子には，ほかにも同じ周期をもつ平行な軸がある．この二つの軸の重心からの距離を h_1, h_2 とすれば，その和は l となることを示せ．これは剛体を長さ l の糸のように考えてよく，ちょうど反対側をもって振らせると周期が同じであることを示している．

7.5　半径 a，質量 M の円板の中心 O から距離 l の点 A を固定して，図 7.16 のように円板を含む面内で微小振動させる．
(a) 振動の周期を求めよ．ただし重力加速度を g とする．

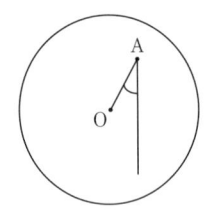

図 **7.16**　円板の実体振り子

(b) l を変化させたとき，周期の最小値とそのときの l を求めよ．

7.6　図 7.17 のように滑らかな滑車に，質量の無視できる糸で質量 m_1, m_2 の質点をつないだときの運動を調べよ（アトウッドの装置）．

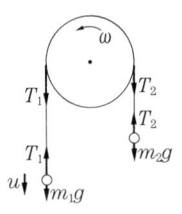

図 **7.17**　アトウッドの装置

7.7　重さも形も同じだが，中空と中味の詰った球を見分けるにはどうしたらよいか？

7.8　ビリヤードの球のどこを水平につけば球は滑らずにころがるか？ 円柱ならどうか？

7.9　図 7.18 に示すように，水平となす角度 θ の斜面上にある自動車の車輪を，密度

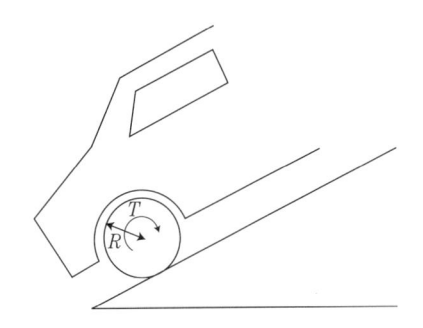

図 **7.18**　斜面上の自動車

が一様な円柱と考え，その質量を m，半径 R とし，駆動力により二つの後輪にそれぞれトルク T が生じていて，車体の質量 M は，その 1/4 が車輪一つの重心にかかっているものとする．また車の四つの車輪は同一のものとする．

(a) 斜面と車輪は滑らないとした場合に，車輪の重心 G の斜面上向き方向の加速度を求めよ．ただし，一つの駆動輪に働く，摩擦による斜面上向きの力を F，重力加速度の大きさを g とする．

(b) 斜面の角度 θ を大きくすると，T の大きさによらず車輪が滑り始める．そのときの傾斜角度を θ_c とするとき，$\tan\theta_c$ の満たす条件を求めよ．ただし，斜面と車輪の間の静止摩擦係数を μ とする．

(c) 車輪が滑っている場合に，車が斜面上で一定の高さに静止または上昇できるためのトルク T の条件を求めよ．ただし動摩擦係数を μ' とする．

8 流体の力学

この章では，液体と気体をまとめた流体について説明する．

8.1 流体

われわれの日常経験から明らかなように，固体は特定の形をもっており，変形を受けても元の形に戻ろうとする．これに対し，空気や水は容易に変形し，力を除いても元に戻らない．このような物質を**流体**という．これは力の存在状態に差があるからである．一見流体と思われないものも，時間スケールによって，流体と見なしてもよくなったりすることがある．例えば地球の岩石は長期的には流体と見なせる．逆に水への飛び込み競技では，水は流体と考えるのはあまりよい近似ではなくなる．

力は一つの物体とほかの物体の間に働くものとして考えるので，ただ単に流体の中の一つの点での力といっても意味がわからない．流体の内部に力を考えるときも，流体のある部分と別の部分との間に働く力として考える必要がある．流体は空間に広がっているので，これらの力を及ぼし合う部分を分けるのは面である．その両側にある部分が，この面を通して力を作用させる．一般には，この面の取り方によって力が異なることもあると考えられる．ある面を考えたとき，力はこの面に平行な成分と垂直な成分をもつ．

まったく流れのない流体を**静止流体**という．静止流体では，流体内に任意の面を考えたとき，それに平行な成分はない（でないと静止できない！）ので，流体内の任意の1点に任意の微小面を考えたとき，それに働く力は常にこの面に垂直である．このために静止している流体では，一つの面に沿って両側の面をゆっくり滑らせても抵抗が生じず自由に変形する．固体の場合にはこうなっていない．すなわち静止流体では，任意の面に働く力は，面に垂直で，押し合う向きに働く．これを**圧力**という．圧力の単位は

$$\mathrm{N/m^2 = Pa\ (パスカル)}$$

とよばれる．ほかのものとして

$$1\ \mathrm{bar\ (バール)} = 10^5\ \mathrm{N/m^2}$$
$$1\ \mathrm{Torr\ (トール)} = 1\ \mathrm{mmHg} = 133.3\ \mathrm{Pa}$$
$$1\ \mathrm{atom\ (気圧)} = 760\ \mathrm{Torr} = 1.013 \times 10^5\ \mathrm{Pa}$$
$$= 1013\ \mathrm{hPa\ (ヘクトパスカル)}$$

がある．

流体の変形のしにくさを**粘性**といい，粘性のある流体を**粘性流体**という．粘性のまったくない理想的な流体を**完全流体**という．

流体は圧力をかけると体積変化を起こす．体積変化をする流体を**圧縮性流体**，体積変化のまったくない理想的な流体を**非圧縮性流体**という．液体はこれに近い．

8.2 流体の静力学

8.2.1 パスカルの原理

静止流体中にある 1 点を考えたとき，力のつりあいを考えれば，その点にかかる圧力は面の取り方によらないことが示せる．また，重力がなければ，圧力はいたるところ一定である．なぜならば，ある面を考えたとき，その面にかかる圧力は必ず面に垂直で，その大きさは液体の圧力に等しいからである．これを**パスカルの原理**という（図 8.1 (a) 参照）．

重力場中の静止流体の圧力は，水平面内では等しい．一方，深さの差が Δh である接近した 2 点の圧力差は，ρ をその場所での流体の密度，g を重力加速

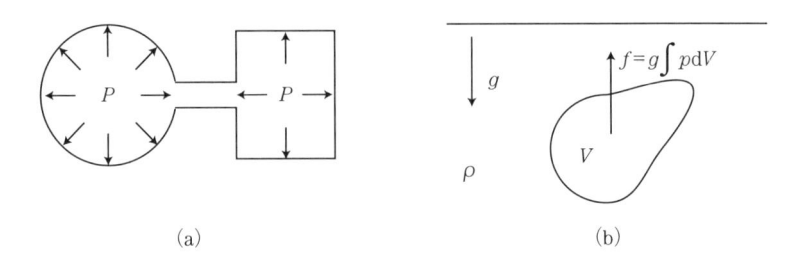

図 **8.1**　(a) パスカルの原理と (b) アルキメデスの原理

度の大きさとして

$$\Delta P = \rho g \Delta h \tag{8.1}$$

で与えられる．したがって

$$P - P_0 = g \int \rho \, dh \tag{8.2}$$

となる．もし ρ が場所によらず一定なら，圧力は深さの差に比例し

$$P = P_0 + \rho g h \tag{8.3}$$

となる．

8.2.2 アルキメデスの原理

流体の中に入った物体を円柱に分割して考えれば，次の**アルキメデスの原理**が成り立つことがわかる（図 8.1 (b) 参照）．

静止流体中の物体は浮力を受け，その大きさは物体が排除した流体の重さに等しく，向きは鉛直上方である．式で書くと

$$f = g \int \rho \, dV \tag{8.4}$$

となる．

例題 8.1 深さ h の水中の圧力は，大気圧よりどれだけ大きいか？ 重力加速度の大きさを $g = 9.80 \text{ m/s}^2$，水の密度を $\rho = 1.00 \times 10^3 \text{ kg/m}^3$ とし，これらの深さに対する依存性は無視できるとする．
[解] 水の密度 ρ は一定とするから，水面 $h = 0$ での圧力を P_0，水深 h での圧力を P とすれば

$$P - P_0 = \rho g h = 9.80 \times 10^3 h \text{ [Pa]} = 0.0967 h \text{ 気圧} \tag{8.5}$$

水深 10 m で約 1 気圧となる．

8.3 表面張力

液体には，表面積を最小にしようとする性質がある．例えば，水銀や水滴は小さなかたまりにすると球形になろうとする．雨滴や，里芋の葉にたまった露

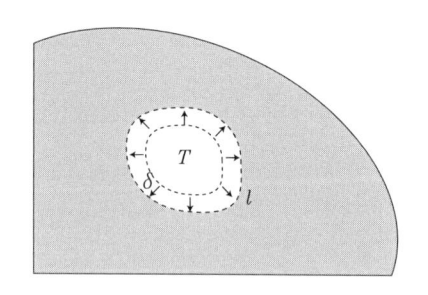

図 8.2 表面張力

などは球形になっている．これは液体を構成する原子や分子の凝集力のためである．その結果，表面に張力（引き合う力）が働くと考えることができる．

表面を線で二つの部分に分け，それぞれの部分が単位長さあたり T の力で引き合っていると考えてみよう．液体の表面に，長さ l の閉曲線を考える．図 8.2 に示したように，これを一様に δ だけ広げるとき必要な仕事は

$$W = Tl\delta \tag{8.6}$$

となる．ここで $l\delta$ は押し広げられた面積 S となるから

$$W = TS \tag{8.7}$$

したがって，**表面張力** T は，単位面積あたりの表面エネルギーに等しいことがわかる．単位は

$$N/m$$

である．

液体を容器に入れると，図 8.3 に示したように液体は壁から反発を受けているような状態になるか，吸い寄せられたような状態になる．図に示した壁と液面のなす角を θ とする．これを**接触角**という．θ が

- $\theta > \dfrac{\pi}{2}$ のとき，液体は**壁を濡らさない**という．
- $\theta < \dfrac{\pi}{2}$ のとき，液体は**壁を濡らす**という．

いろいろな物質での接触角は表 8.1 の通りである．

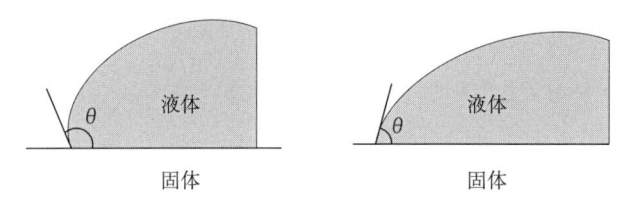

図 8.3　容器と液体

表 8.1　接触角

物質	接触角
水とガラス	$8°\sim9°$
水と磨いた石	$0°$
有機液体とガラス	$0°$
水銀とガラス	$140°$

8.3.1　毛細管現象

内径の小さな管を液面に立てると，管内の液面は元の液面に対して高さが異なる．内径 r の管を，密度 ρ，表面張力 T の液面に立てる．接触角が θ のとき，管内の液面の上昇 h はどうなるだろうか？

上昇した液体に働く力を考える．上下面からの大気圧は P_0，重力は $\pi r^2 h \rho g$ であり，表面張力を T とする．対称性から，表面張力の水平成分は全体として 0 になる．そこで，表面張力を接触面に沿って加えると，鉛直方向に

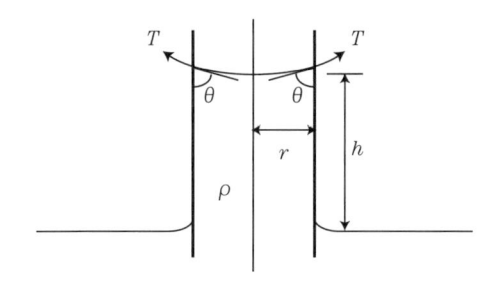

図 8.4　毛細管現象

$$2\pi r T \cos\theta \tag{8.8}$$

の力が働いていることになる．大気圧は上下で打ち消すので，つりあいの式は

$$\pi r^2 h \rho g = 2\pi r T \cos\theta \tag{8.9}$$

となる．これから

$$h = \frac{2T\cos\theta}{r\rho g} \tag{8.10}$$

を得る．$\theta < \pi/2$ のとき，これは正であり，液面はあがる．一方，これは $\theta > \pi/2$ のときも成立し，このときは $h < 0$ となって，液面は下がる．

例題 8.2 図 8.5 のように，上端が閉じた内径 (直径) 1 mm の円筒ガラス管で水銀柱をつくる．大気圧 P_0 が 1 気圧 (1.013×10^5 Pa) のとき，水銀柱の高さを求めよ．ただし，水銀柱上部は真空で，水銀の密度は $\rho = 13.55$ g/cm^3，$T = 0.482$ N/m，水銀とガラスの接触角は $\theta = 140°$，重力加速度の大きさは $g = 9.80$ m/s^2 とする．

[解] 水銀柱にかかる力のつりあいを考える．重力は $\rho\pi r^2 hg$，大気圧は上向きに $P_0 \pi r^2$ となる．よってつりあいの式は

$$P_0 \pi r^2 = \rho \pi r^2 h g + 2\pi r T \cos\theta \tag{8.11}$$

となる．これから

$$h = \frac{P_0 - 2T\cos\theta/r}{\rho g}$$

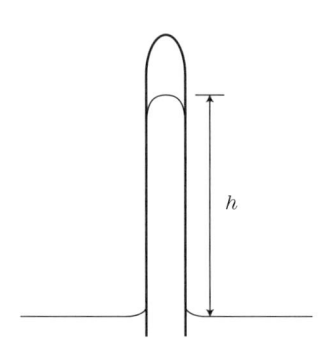

図 8.5 水銀の毛細管現象

$$= \frac{1.013 \times 10^5 - 2 \times 0.482 \times \cos 140°/(0.5 \times 10^{-3})}{13.55 \times 10^{-3} \times 10^6 \times 9.80}$$
$$= 0.752 \text{ m} \tag{8.12}$$

もし表面張力がなかったら 0.763 になるので，表面張力により 1 cm 程度下がる．

8.4 定常流

8.4.1 流線と流管

流体の流れの方向を線で結んだものを**流線**，流線で囲まれた管を**流管**という．流体中の各点における速度ベクトル $\boldsymbol{v}$ は，流線の接線方向に向いている．

8.4.2 定常流

流体の流速分布が時間的に変化しない流れを**定常流**，そうでないものを**非定常流**という．

8.4.3 連続の式

図 8.6 (a) のような流管を考える．流管のある断面（断面積 S）での流体の断面に垂直な速さを v，密度を ρ とすると，単位時間にそこを通過する流体の量（**流量**）は $\rho v S$ となる．

定常流の場合，どの断面積でもこれは一定なので

$$\rho v S = \text{一定} \tag{8.13}$$

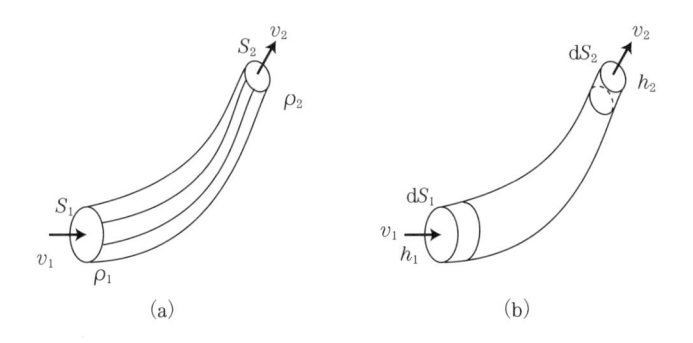

図 8.6　流管とベルヌーイの定理

となる.これを**連続の式**という.

非圧縮性流体では,ρ は一定なので,

$$vS = 一定 \tag{8.14}$$

となる.

8.4.4 ベルヌーイの定理

重力場中の細い管を考える.図 8.6 (b) のように,流管 A, B での断面積を dS_1, dS_2,それぞれの高さを h_1, h_2,流速を v_1, v_2,圧力を p_1, p_2 とする.密度 ρ は一定(非圧縮性流体)で,圧力は面に垂直(完全流体)とする.

この流体が,時間 dt 後に A′, B′ まで進んだとき,この部分にされた仕事は(圧力は流管に垂直なので仕事をしないことに注意)

$$dW = p_1 dS_1 v_1 dt - p_2 dS_2 v_2 dt \tag{8.15}$$

であり,エネルギーの増加は

$$dE = \rho v_2 dS_2 dt \left(\frac{1}{2}v_2^2 + gh_2\right) - \rho v_1 dS_1 dt \left(\frac{1}{2}v_1^2 + gh_1\right) \tag{8.16}$$

である.$dW = dE$ なので

$$
\begin{aligned}
p_1 dS_1 v_1 dt + \rho v_1 dS_1 dt &\left(\frac{1}{2}v_1^2 + gh_1\right) \\
&= p_2 dS_2 v_2 dt + \rho v_2 dS_2 dt \left(\frac{1}{2}v_2^2 + gh_2\right)
\end{aligned} \tag{8.17}
$$

を得る.連続の式により,$v_1 dS_1 = v_2 dS_2$ なので

$$p_1 + \frac{1}{2}\rho v_1^2 + \rho g h_1 = p_2 + \frac{1}{2}\rho v_2^2 + \rho g h_2 \tag{8.18}$$

となる.すなわち

$$p + \frac{1}{2}\rho v^2 + \rho g h = 一定 \tag{8.19}$$

が成り立つ.これを**ベルヌーイの定理**という.h が一定なら,v が大きいほど圧力が小さい.

例題 8.3 図 8.7 のように,底に細い管のついた水槽に,深さ h まで水が満たされている.管から流出する水の速さはどうなるか?

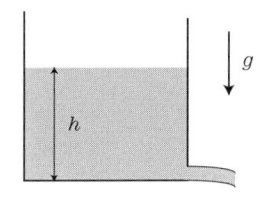

図 **8.7** 水槽

[解] 水槽の水面および底の出口は大気に触れていて，圧力は大気圧 P_0 に等しい．水面の下降が無視できるほど小さな出口の場合，ベルヌーイの定理より

$$P_0 + \rho g h = P_0 + \frac{1}{2}\rho v^2 \tag{8.20}$$

したがって

$$v = \sqrt{2gh} \tag{8.21}$$

これは質点が高さ h だけ自由落下したときに得る速さに等しい．これを**トリチェリの定理**という．

マグヌス効果

球を回転させながら空気中に投げると，その進む道が曲がる．球の速度を 0 とし，空気が逆に速度 v で流れていると考えてみよう．球の回転により，そのまわりの空気はそれにより引きずられるため，空気の流れと一致するところ（図 8.8 (a) のボールの下側）は速度が大きく，逆のところ（ボールの上側）は小さくなり，ベルヌーイの定理により，前者では圧力が小さくなり，後者では大きい．したがって，空気の流れに垂直（図の下向き）に力を受ける．これをマグヌス効果という．これにより，野球の変化球が投げ分けられている．

ベンチュリー管

図 8.8 (b) に示したように，断面積が場所によって違う水平な管の中を流体が定常的に流れる場合，管の側面は流管になる．ベルヌーイの定理により

$$p + \frac{1}{2}\rho v^2 = 一定 \tag{8.22}$$

ここで高さの差は小さいので，$\rho g h$ の項は落とした．連続の式により

$$vS = 一定 \tag{8.23}$$

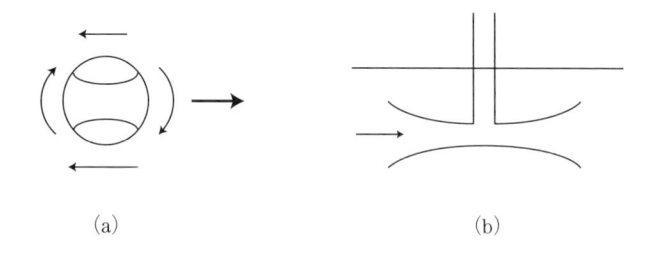

図 **8.8**　(a) マグヌス効果，(b) ベンチュリー管

これから，管の細いところは速度が大きく，圧力が小さいことがわかる．この関係を利用すると，圧力差を測ることにより流速を出すことができる．図 8.8(b) のように縦につけた管に上がる流体の高さを測ることにより圧力差を測り，流速を決める装置を**ベンチュリー管**という．

8.5　粘性流体

異なった流速をもった流線の間には，ずれが生じるので，粘性流体の場合，境界面に互いの運動を妨げようとする力が働く．単位面積あたりのこの力 f を**接線応力**という．それは速度勾配 $\partial v/\partial y$ に比例すると考えられる．

$$f = \eta \frac{\partial v}{\partial y} \tag{8.24}$$

この係数 η を**粘性係数**という．完全流体では $\eta = 0$ である．単位は

$$\mathrm{Pa \cdot s}$$

で与えられる．

粘性のある流体中を物体が運動すると，物体は抵抗を受ける．これを**粘性抵抗**といい，

$$f = c\eta v L \tag{8.25}$$

と書ける．ここで，c は無次元の量，L は物体のサイズを表す．これは**次元解析**によって得られる．すなわち，抵抗を

$$f = c\eta^x v^y L^z \tag{8.26}$$

の形であると仮定して，両辺の次元を比較すると

$$M\frac{L}{T^2} = \left(\frac{M}{LT}\right)^x \left(\frac{L}{T}\right)^y L^z \tag{8.27}$$

となる．ここで L, M, T は，それぞれ長さ，質量，時間を表す．これが成り立つためには

$$x = 1, \quad y - x + z = 1, \quad -x - y = -2 \tag{8.28}$$

でなければならず，式 (8.25) が得られる．係数 c は，この方法では決めることはできず，一般に物体の形状によって異なるが，物理量への依存性は決めることができるので，この方法はたいへん有用である．

特に，半径 a の球の場合

$$f = 6\pi\eta a v \tag{8.29}$$

となる．これを**ストークスの法則**という．しかし運動の速度が増すと，物体が静止していた流体を動き出させるための反作用としての力を受け，ρv^2 に比例した力を受ける．ここで ρ は，動かされる流体の密度である．そのため，物体の運動方向の面積を S として

$$f = \frac{1}{2}c'\rho v^2 S \tag{8.30}$$

という抵抗がかかるようになる．ここで c' は無次元の定数である．これを**慣性抵抗**という．この関係も次元解析で決まる（やってみよ）．

粘性係数 η，密度 ρ の静止流体中を，サイズ L の物体が速度 v で運動するとき

$$Re = \frac{\rho L v}{\eta} \tag{8.31}$$

を**レイノルズ数**という．これは次元をもたない量で，だいたい

$$Re \sim \frac{慣性抵抗}{粘性抵抗} \tag{8.32}$$

であり，粘性抵抗と慣性抵抗のどちらが大きいかの目安を与える．ストークスの法則が成り立つのは，Re が 1 程度以下の場合である．流速が低いうちはレイノルズ数は低く，流れは定常的であるが，流速を大きくしてレイノルズ数がある限界を超えたとき，流れの中に内部運動が発生する．これを**乱流**という．

例題 8.4（ミリカンの油滴実験） 電荷 $q\ (>0)$ で帯電した，密度 ρ の油滴が，粘性係数 η，密度 ρ_0 の空気中を一定速度 v_0 で落下している．ここで，静電場 E を鉛直上方にかけたところ，油滴の落下速度は v_1 になった．油滴の電荷はいくらか？ ただしストークスの法則が成り立つとする．

[解] 油滴の半径を a とすると，油滴にかかる力には

重力　　$\dfrac{4}{3}\pi a^3 \rho g$

空気による浮力　　$\dfrac{4}{3}\pi a^3 \rho_0 g$

がある．$E=0$ のときの落下速度より

$$\frac{4}{3}\pi a^3 \rho g - \frac{4}{3}\pi a^3 \rho_0 g - 6\pi \eta a v_0 = 0 \tag{8.33}$$

したがって

$$a = \sqrt{\frac{9}{2}\frac{\eta v_0}{(\rho-\rho_0)g}} \tag{8.34}$$

電場 E のもとでは

$$\frac{4}{3}\pi a^3 \rho g - \frac{4}{3}\pi a^3 \rho_0 g - 6\pi \eta a v_1 - qE = 0 \tag{8.35}$$

上式との差をとれば

$$qE = 6\pi \eta a (v_0 - v_1) \tag{8.36}$$

を得るので，これに a を代入して

$$q = \frac{6\pi \eta (v_0 - v_1)}{E}\sqrt{\frac{9}{2}\frac{\eta v_0}{(\rho-\rho_0)g}} \tag{8.37}$$

8.6 渦

いま，例として図 8.9 に示したような回転している流れ

$$\boldsymbol{v} = \frac{\alpha}{2\pi r^2}(-y,\ x,\ 0), \qquad r = \sqrt{x^2+y^2} \tag{8.38}$$

を考える．渦の中心を含む閉曲線について，$\boldsymbol{v}$ を線積分したものを**循環**という．すると

8.6 渦

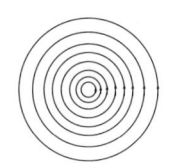

図 8.9 渦

$$\oint_C \boldsymbol{v}\cdot \mathrm{d}\boldsymbol{r} = \frac{\alpha}{2\pi r^2}\oint(-y\mathrm{d}x + x\mathrm{d}y) \tag{8.39}$$

となる．簡単のため，閉曲線を半径 r の円として，$x = r\cos\theta, y = r\sin\theta$ と変数変換すれば，$\mathrm{d}x = \mathrm{d}r\cos\theta - r\sin\theta \mathrm{d}\theta, \mathrm{d}y = \mathrm{d}r\sin\theta + r\cos\theta \mathrm{d}\theta$ なので

$$-y\mathrm{d}x + x\mathrm{d}y = r^2\mathrm{d}\theta \tag{8.40}$$

となる．したがって式 (8.39) の右辺は

$$\frac{\alpha}{2\pi}\int_0^{2\pi}\mathrm{d}\theta = \alpha \tag{8.41}$$

となる．

この周回積分は，ストークスの定理により

$$\oint_C \boldsymbol{v}\cdot \mathrm{d}\boldsymbol{r} = \int_S (\nabla \times \boldsymbol{v})\cdot \boldsymbol{n}\mathrm{d}S \tag{8.42}$$

と書ける．したがって，$\nabla \times \boldsymbol{v}$ は単位面積あたりの循環であり，局所的な渦の強さを表していて，**渦度**とよばれる．

上の例では，$r \neq 0$ で

$$\begin{aligned}(\nabla \times \boldsymbol{v})_x &= -\frac{\partial}{\partial z}\left(\frac{\alpha x}{2\pi r^2}\right) = 0 \\ (\nabla \times \boldsymbol{v})_y &= \frac{\partial}{\partial z}\left(\frac{-\alpha y}{2\pi r^2}\right) = 0 \\ (\nabla \times \boldsymbol{v})_z &= \frac{\partial}{\partial x}\left(\frac{\alpha x}{2\pi r^2}\right) - \frac{\partial}{\partial y}\left(\frac{-\alpha y}{2\pi r^2}\right) \\ &= \frac{\alpha}{2\pi}\left(\frac{2}{r^2} + x\frac{-2x}{r^4} + y\frac{2y}{r^4}\right) = 0\end{aligned} \tag{8.43}$$

すなわち $r \neq 0$ では渦度はなく，中心にだけある．

渦度は，渦巻きに対して右ねじの方向を向いたベクトルである．3次元空間で，このベクトルを結んで引いた線を**渦線**，それを束ねたものを**渦管**，無限に細い渦管を**渦糸**という．

例題 8.5 点 (x, y, z) での流速が

$$\boldsymbol{v} = (az, 0, 0) \tag{8.44}$$

で与えられる流れの場について，図 8.10 の循環 ABCD（線積分）を計算せよ．

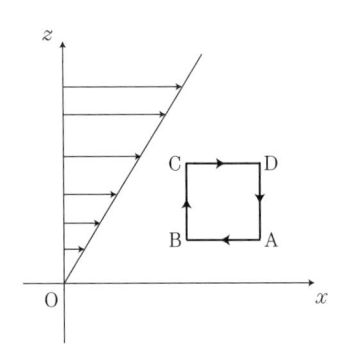

図 8.10 渦の例

[解]

$$\begin{aligned}\oint \boldsymbol{v} \cdot \mathrm{d}\boldsymbol{r} &= \int_x^{x+\Delta x} az \mathrm{d}x - \int_{x+\Delta x}^x a(z+\Delta z) \mathrm{d}x \\ &= az\Delta x - a(z+\Delta z)\Delta x = -a\Delta z \Delta x \end{aligned} \tag{8.45}$$

したがって単位面積あたりの循環は $-a$ となる．

ストークスの定理によれば

$$\int (\nabla \times \boldsymbol{v}) \cdot \boldsymbol{n} \mathrm{d}S = \int (-a) \mathrm{d}S = -a\Delta z \Delta x \tag{8.46}$$

となって一致する．回転しているように見えないが，実際には回転成分がある．

問 題

8.1 半径 r の球状のシャボン玉の，外の圧力と内部の圧力の差を求めよ．ただしシャボン玉の表面張力を T とする．

8.2 半径が違う二つのシャボン玉をつないだらどうなるか，前問の結果を考慮して答えよ．

8.3 気圧 P_0 のとき半径 r_0 のシャボン玉を，気圧 P_1 のところに移したら半径が r_1 になった．期待は理想気体で温度一定，表面張力はシャボン玉の変形によらないとすると，このシャボン玉の表面張力はいくらか？

8.4 半径 a のシャボン玉をつくるのに必要な仕事を求めよ．表面張力を T とする．

8.5 水道の蛇口から一定の量の水が出て鉛直下方に落ちている．水は定常的に柱のように流れており，途中で切れることはないとする．重力加速度の大きさを g として，この水の柱の太さ（面積）を蛇口からの距離 h で表せ．

9 相対性理論

　この章では，20世紀初頭に完成された相対性理論を解説する．主に特殊相対性理論（特殊相対論）とよばれるものを述べるが，最後の節では一般相対性理論（一般相対論）の概略も簡単に触れる．

9.1 エーテル仮説の破綻

　マクスウェル方程式の解として電磁波が存在することが知られている．それをよく見ると，マクスウェルの方程式は電磁波および光の速度が一定値 c であることを示している．このとき光の速さが一定というのは，どんな座標系で見ていっているのだろう？波が伝播するには，ふつうそれを伝える媒質があってその媒質を伝わる．海の波は海の水があるから存在し伝わっていくのであって，水なしでは存在しない．では光を伝えるものは何だろう？昔の人は，これを宇宙の中にエーテルという水のようなものが満ちており，それを光が伝わると考えた．そうすると，それに対する速度が c であって，マクスウェルの方程式はそれに対し止まっている座標系でのみ成り立ち，地球がその中を運動している場合は光の速度が変わるように修正されることになる．エーテルの静止している空間を**絶対空間**という．川に沿った道を走る自動車から見れば，川の波はゆっくりと動き，自動車が速くなれば後ろにさえ動くように見えるのと同じことだ．

　この絶対空間に対する地球の相対的運動を見るには，どうしたらよいだろうか？19世紀末マイケルソン（A. A. Michelson）とモーレー（E. W. Morley）は，光の干渉実験によってこれを検出しようとした．もし地球がこのようなエーテルの中を運動しているならば，二つの光を干渉させた場合，東西に装置を向けたときと南北に向けたときで光の速さが変わるので，干渉縞がずれるはずだ．そう考えた2人は精密な干渉装置をつくり，実験を行った．その結果，実験精度の範囲内でそのような干渉縞のずれは起こらず，地球はエーテルに対して運

動していないような結果を得た．地球は絶対空間に静止している（!?）．

しかしこのような考え方は，地球を特別視するもので，なんらかの理由づけなしには受け入れがたい．こう考えたローレンツ（H. A. Lorentz）は何年もの歳月を費やして，マクスウェルの方程式を修正することにより，このような矛盾のない電磁気学理論をつくろうとした．そして，運動する物体はなぜか運動方向に縮むなどの仮定を導入することにより，一応の矛盾を除いた理論をつくり上げた．それが後に出てくるローレンツ短縮などの結果なのだが，これは困難を別のレベルに押しつけたのであって，理論のなんらの改良になっていない．つまりどうして運動する物体が縮むなどという不自然な仮定をしなければならないのか？などの疑問が残されているのだ．

考えてみると，エーテルに対する地球の運動が検出できないのであれば，エーテルというものを実在と考えるのはおかしいのかもしれない．そしてマクスウェルの理論にエーテルに対する運動というのがないことを，そのまま受け入れた方がよいのではないか？アインシュタイン（A. Einstein）はこう考えた．エーテルはない！出てくる結果はローレンツとよく似たものがあるが，考え方はまったく違う．

9.2　相対性原理と同時刻という概念

一様な静磁場がかかっている空間の中に，点電荷 e が静止しているとしよう．それはもちろんある座標系 K をとってみれば，静止しているように見えるという意味だ．このとき磁場は，電荷に力を及ぼさず，電荷は静止したままだ．そこで，K 系に対し $-v$ の一定速度で x 軸の負の方向に運動している座標系 K′ に乗った人には，これがどう見えるかを考えよう．K′ から見れば，点電荷は速度 v で x' 軸の正の方向に運動している．だとすれば，この点電荷には磁場による力が働いて円運動をするはずだ！電荷を見る座標系によって起こる現象が違うのだろうか？

また磁石と導体を考えたとき起こる現象の取り扱いも，非常に非対称的だ．磁石が動き導体が静止しているならば，磁石のまわりには電場が生じ，それが導体に電流を引き起こす．一方磁石が静止し導体が運動するならば，磁石の周囲には電場が生じないのに導体中には起電力が現れる．

アインシュタインは，マクスウェルの電磁気学に現れるこのような座標系の

9.2 相対性原理と同時刻という概念

非対称性に注目することから，有名な 1905 年の論文を書き起こす．起こりうる現象は，二つの物体の相対運動のみによるはずであって，それを見る座標系によらないはずだ．このこととエーテルに対する地球の運動を証明するのに失敗した実験は，物理学において絶対静止というものはなく，すべての慣性系に対して力学の方程式も電磁気学の方程式も成り立つことを受け入れることを要請していると考えた．さらに光は真空中では常に，光を放出する運動物体の状態によらない一定の速度 c で伝播するという仮定をつけ加えた．この後の原理は次のようにいえばもっと意味がはっきりする．いま一定の速度で飛んでいるロケットから光が出たとする．これを「静止している」慣性系で見た人にとって光は速度 c で飛んでくる．一方，いまの原理によればロケットと同じ速度で動いている慣性系に乗っている人にとっても光はやはり速度 c で走るということだ．

まとめておけば，アインシュタインは二つの仮定をした．

(1) **相対性原理．**
　　すべての慣性系に対して，物理学の法則は同じである．
(2) **光速度不変の原理．**
　　どんな慣性系でも光の速さは一定である．

第 1 の仮定はまあそうかなと思うだろうが，第 2 の仮定はかなり革命的なものだ．実際アインシュタインは，この仮定をしたすぐ後に，この仮定から**同時刻**というのが絶対的なものではなく，座標系によるものであることを指摘している．それを例で説明しよう．

ある夜に，とある駅を特急電車が通過するときを考えよう．駅は暗いから外灯が立っている．この電車の車両がちょうど半分通過したとき，外灯が瞬間的について消えたとしよう．電車に乗っている人は，その光がちょうど電車の車両のまん中で出たのだから，光は電車の前と後ろの端に同時につくことを見るはずだ．ところが，ホームでぼんやりとこの光をながめていた駅員は光が電車の端の方へ近づいたときには，前の方は遠ざかっており後ろの方は近づいているから，光はまず後ろに当たったあと前に当たるのを見る．電車の人にとっては同時でも，止まっている人には同時ではないのだ．ただし，そんなことは電車の速度が光の速さに近くなければたいして変わらないから，待ち合せをしても 2 人の時間が違ってすれ違うわけでもなく大丈夫だ．

9.3 ローレンツ変換

それでは二つの慣性系があるとき，その二つの座標はどういうふうに関係がつくかという問題に移ろう．二つの座標系は互いに等速度運動をしているからそんなことは簡単だとすぐに思う人は，後でびっくりすることになる．

一つの慣性系 K を (x,y,z) で表し，他方 K′ を (x',y',z') で表す．K′ は時刻 $t=t'=0$ で K と一致しており，x 軸の方向に一定速度 v で運動しているとする．座標の原点をどこにとってもよいから，二つの座標の間の関係は線形変換になるはずだ．運動していない方向はなんの変化も受けないはずだから，

$$y' = y, \quad z' = z \tag{9.1}$$

とおいてもよかろう．運動する方向には

$$x' = Ax + Bt, \quad t' = Cx + Dt \tag{9.2}$$

とおこう．このときに座標と時間が混ざっていることに注意！ そうしないと，解がないのだ．

定数 A, B, C, D を決めるためにまず，光速度不変の原理を使う．K 系での $x = ct$ という光の運動は，K′ 系で $x' = ct'$ となるはずだ．そこで上の関係を使えば，$Ac + B = Cc^2 + Dc$ を得る．また光が逆方向 $x = -ct$ でも $x' = -ct'$ となることから，$Ac - B = -Cc^2 + Dc$ を得るから，定数 E を用いて

$$A = D, \quad B = cE, \quad C = E/c \tag{9.3}$$

となる．

次に，K′ の座標原点 $x' = 0$ は K では $x = vt$ だから，$x' = Avt + Ect = 0$ より

$$E = -A\beta \tag{9.4}$$

を得る．ただしここで $\beta \equiv v/c$ とおいた．したがって変換則は

$$x' = \gamma(x - vt), \quad ct' = \gamma(-\beta x + ct) \tag{9.5}$$

となる．ただし $A \equiv \gamma$ と書いた．

最後に $v \to -v$ とすれば逆変換が得られるはずだから

$$x = \gamma(x' + vt'), \qquad ct = \gamma(\beta x' + ct') \tag{9.6}$$

式 (9.5) を代入してやれば，$x = \gamma^2(1 - \beta^2)x$ 等を得て，

$$\gamma \equiv \frac{1}{\sqrt{1 - \beta^2}}, \qquad \beta \equiv \frac{v}{c} \tag{9.7}$$

が求められる．結局変換則は

$$x' = \gamma(x - vt), \quad y' = y, \quad z' = z, \quad ct' = \gamma(-\beta x + ct) \tag{9.8}$$

となる．これが求める**ローレンツ変換**である．逆に解いて行列で書けば

$$\begin{pmatrix} ct \\ x \\ y \\ z \end{pmatrix} = \begin{pmatrix} \gamma & \gamma\beta & 0 & 0 \\ \gamma\beta & \gamma & 0 & 0 \\ 0 & 0 & 1 & 0 \\ 0 & 0 & 0 & 1 \end{pmatrix} \begin{pmatrix} ct' \\ x' \\ y' \\ z' \end{pmatrix} \tag{9.9}$$

となる．すでに述べたように，ローレンツが電磁気学の基礎方程式（マクスウェルの方程式）が変化しないという要請からこの変換を与えていたので，これはローレンツ変換とよばれる．このローレンツ変換は，数学的にいえば，距離

$$(\mathrm{d}s)^2 = \mathrm{d}x^2 + \mathrm{d}y^2 + \mathrm{d}z^2 - c^2\mathrm{d}t^2 \tag{9.10}$$

を不変にする群といえる（問題 9.3 参照）．これを**ローレンツ群**という．

これは一種の回転のように書ける．それを見るために，**双曲線関数**

$$\sinh\theta = \frac{e^\theta - e^{-\theta}}{2}, \qquad \cosh\theta = \frac{e^\theta + e^{-\theta}}{2} \tag{9.11}$$

を定義すれば，これらは

$$(\cosh\theta)^2 - (\sinh\theta)^2 = 1 \tag{9.12}$$

を満たすので

$$\gamma = \cosh\theta, \qquad \beta\gamma = \sinh\theta \tag{9.13}$$

となるような θ が存在する．したがってローレンツ変換は，図 9.1 に示したように，ちょうど回転のように

$$\begin{pmatrix} x \\ ct \end{pmatrix} = \begin{pmatrix} \cosh\theta & \sinh\theta \\ \sinh\theta & \cosh\theta \end{pmatrix} \begin{pmatrix} x' \\ ct' \end{pmatrix} \tag{9.14}$$

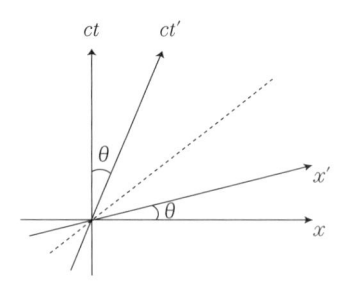

図 9.1　ローレンツ "回転" と時刻，長さの変換 ($\tanh\theta = \beta$)

と書ける．ただし回転とまったく同じでないのは，傾きが tan ではなく，tanh で表されており，また K′ 系は斜交座標のようになっていることからわかろう．図 9.1 の破線は時間軸と空間軸の 2 等分線で，慣性系 K と K′ における光の進路を表し，どちらの系でも光速が同じことを示している．

これを使えば K 系から K′ 系へ，さらに K″ 系へ座標変換したときの変換則は

$$\begin{pmatrix} x \\ ct \end{pmatrix} = \begin{pmatrix} \cosh\theta_1 & \sinh\theta_1 \\ \sinh\theta_1 & \cosh\theta_1 \end{pmatrix} \begin{pmatrix} x' \\ ct' \end{pmatrix}$$
$$\begin{pmatrix} x' \\ ct' \end{pmatrix} = \begin{pmatrix} \cosh\theta_2 & \sinh\theta_2 \\ \sinh\theta_2 & \cosh\theta_2 \end{pmatrix} \begin{pmatrix} x'' \\ ct'' \end{pmatrix} \tag{9.15}$$

で与えられ，

$$\begin{pmatrix} x \\ ct \end{pmatrix} = \begin{pmatrix} \cosh\theta_1 & \sinh\theta_1 \\ \sinh\theta_1 & \cosh\theta_1 \end{pmatrix} \begin{pmatrix} \cosh\theta_2 & \sinh\theta_2 \\ \sinh\theta_2 & \cosh\theta_2 \end{pmatrix} \begin{pmatrix} x'' \\ ct'' \end{pmatrix}$$
$$= \begin{pmatrix} \cosh(\theta_1+\theta_2) & \sinh(\theta_1+\theta_2) \\ \sinh(\theta_1+\theta_2) & \cosh(\theta_1+\theta_2) \end{pmatrix} \begin{pmatrix} x'' \\ ct'' \end{pmatrix} \tag{9.16}$$

となる．これはローレンツ変換が，時間と空間を混ぜる一種の回転であり，またこれが群をなすことを示している．また K 系と K″ 系の相対速度，すなわち速度の合成則が

$$\beta = \tanh(\theta_1+\theta_2) = \frac{\tanh\theta_1 + \tanh\theta_2}{1+\tanh\theta_1\tanh\theta_2} = \frac{\beta_1+\beta_2}{1+\beta_1\beta_2} \tag{9.17}$$

で与えられることも示している．

もし $\beta_1 < 1$，$\beta_2 < 1$ であれば，

$$1 + \beta_1\beta_2 - (\beta_1 + \beta_2) = (1-\beta_1)(1-\beta_2) > 0 \tag{9.18}$$

であるから，光速度より小さいものをいくら合成しても光速度を超えることはできないことがわかる．また光速度はどんな速度と合成してもやはり光速度だ．

互いに混ざり合って変換する量で (ct, x, y, z) のように変換するものを，**4元ベクトル**とよぶ．二つの4元ベクトルを (9.10) のように掛け合せれば，それはローレンツ変換のもとで不変になっている．これを**ローレンツ・スカラー**という．

9.4 同時刻，ローレンツ短縮，時計の遅れおよびドップラー効果

ローレンツ変換を使って，相対論のいくつかの簡単な帰結を述べておこう．

1. 同時刻

まず，同時刻ということが座標系によるものであることは，すでに簡単な例で述べた．これを定量的に見るには，次のようにする．ローレンツ変換によれば，K系で x_1 と x_2 で同時 $t_1 = t_2$ に起こったことは，K′系では式 (9.8) により変換されて見える．だから

$$c(t'_1 - t'_2) = \frac{\beta(x_2 - x_1)}{\sqrt{1-\beta^2}} \tag{9.19}$$

となってしまい，K′系では $x_1 = x_2$ でないかぎり同時でない．これは図9.1に示しておいたように，回転した座標では同時刻がずれるのである．大きさの関係も，この図から正しく得られる．

2. ローレンツ短縮

次にK′系の x' 軸に止まっている長さ l_0 の棒を，K系で見たらどうなるだろう？ この棒の端をK′系で見れば，$l_0 = x'_2 - x'_1$ である．これをK系で見たとき，これらの座標がそれぞれ x_1, x_2 であれば，棒の長さは $l = x_2 - x_1$ である．このときこれらの座標を測る時刻は同じにとるから，ローレンツ変換の式 (9.8) により

$$l_0 = x'_2 - x'_1 = \gamma(x_2 - x_1) = \gamma l \tag{9.20}$$

となる．つまり $l = l_0\sqrt{1-\beta^2}$. すなわち動いている棒は短く見える．

逆に K 系に対して静止している棒はどうなるだろう？ $L_0 = x_2 - x_1$, $L = x_2' - x_1'$ として，ローレンツ変換 (9.9) を使えばやはり $L = L_0\sqrt{1-\beta^2}$ を得る．これも図 9.1 によって考えれば明らかだろう．つまり棒の短縮は相対的なもので，お互いに縮んでいるように見える．これを不思議に思わない人は，天才かぼんやりしている人だ．次節でその理由を説明しよう．

3. 時計の遅れ

動いている時計は遅れる．時計が壊れたためではなく，どうしても遅れるというのが次の問題だ．いま時計が K' 系の原点に静止していて，その読みが t' であるとする．これを K 系で見ると，式 (9.9) の関係があるから，$x' = 0$ を入れて

$$t' = t\sqrt{1-\beta^2} < t \tag{9.21}$$

という関係が得られる．K' 系の時計の読みは K 系の時計の読みよりも小さく，時計がどうしても遅れてしまうことを示している．

これはたいへんなことだ．速く動く人は年をとらないということになるではないか！ だから運動をよくする人は，若く見えるのかなどと早合点してはいけない．この時計の遅れも相対的なもので，相手の慣性系から見ればやはりこちらの時計も遅れていることがわかる．ではこれはいったいどういうことか？ それについては次の節で詳しくやろう．

4. ドップラー効果

いま K 系で，波が x 軸の負の領域で，正の方向に角振動数 ω，波数 k で進んでいるとする．その波は $\sin(\omega t - kx)$ と書ける．これを K 系に対し $-v$ の速度で動く K' 系の原点あたりから見たとき，$\sin(\omega' t' - k'x')$ と表されたとしよう．波の値が 0 となる点は，K 系で見ても K' 系で見てもやはり 0 だから

$$\omega t - kx = \omega' t' - k'x' \tag{9.22}$$

となるはずだ[*1]．これにローレンツ変換 (9.8) で $v \to -v$ とした式を入れて，x, t の係数を比較すれば

$$k' = \gamma(k + \beta\omega/c), \qquad \omega' = \gamma(\omega + kv) \tag{9.23}$$

[*1] sin の中味はローレンツ・スカラーになっているということ．

9.4 同時刻，ローレンツ短縮，時計の遅れおよびドップラー効果

を得る．これは $(\omega/c, k, 0, 0)$ が共変ベクトルであることを示している．

光の場合は $\omega/k = c$ が成り立つので，K 系に静止している信号の光を見ると，式 (9.23) によって振動数が

$$\nu' = \frac{\omega'}{2\pi} = \nu \frac{1+\beta}{\sqrt{1-\beta^2}} = \nu \sqrt{\frac{1+\beta}{1-\beta}} \tag{9.24}$$

となり大きくなる．したがって赤い光は青く見え，赤信号でも止まらなくてもよいように見えてしまうことになる．だからといって，車のスピード違反でおまわりさんにつかまって，「すみません，ドップラー効果のために青信号に見えました」などというのはよそう．ふつうのスピードでは青になど見えないのだから．なお，そのためにはどのくらいの速さが必要かは問題 9.6 を参照せよ．

このドップラー効果は，β の 1 次の近似では音のドップラー効果と同じになる．もちろん 2 次以上を考えれば異なる．ところが，それだけではなく，光のドップラー効果は純粋に相対論的なもので，音の場合とは本質的に異なることが次のことからわかる．いま K′ 系が y 軸の方向に動いている場合を考える．K′ 系で x' 軸方向に伝わる波は，K 系では斜めに伝わるので $\omega' t' - k' x' = \omega t - k_x x - k_y y$ として，ローレンツ変換 (9.9) において x と y を入れ替えた関係を代入して比較する．その結果

$$\omega' = \gamma(\omega - k_y v), \quad k_y = \beta\omega/c \quad \text{したがって} \quad \nu' = \sqrt{1-\beta^2}\,\nu \tag{9.25}$$

を得るので，振動数は小さく見える．この場合，K′ 系の観測者に対して光源は垂直に動いているだけで，相対的な距離は変化していない．したがってこれは音の場合には生じないドップラー効果で，**横ドップラー効果**とよばれる．光のドップラー効果は，本質的に時計の遅れにより生じているためにこのような違いが起こる．その大きさは β の 1 次ではなく，2 次になる．

このドップラー効果は，現在の**宇宙論**でたいへん重要な役割を果たしている．地球に対して遠ざかるような運動をしている恒星のスペクトルを測定すると，地球から見た視線方向の後退速度に対応するして赤い方へずれる**赤方偏移**が観測されている．また宇宙はたくさんの星のかたまりである銀河を含んでいるが，ほとんどすべての銀河のスペクトルに赤方偏移が見られる．これは銀河を出た光が地球に届くまでの間に空間自体が伸びて波長が引き伸ばされるためであり，宇宙が膨張していることを示すと考えられている．これは地球から遠いほど大

きく（ハッブルの法則），宇宙がある瞬間に大爆発を起こし，それから膨張し続けているという**ビッグバン模型**の一つの根拠となっている．また星の赤方偏移の観測により，現在の宇宙の膨張率はわずかながら増えていることが最近わかった．これは重力が引力であることと相反する．これは膨張すればするほどエネルギーが増大すれば可能で，その原因となるものは**ダークエネルギー**とよばれている．その正体が何であるか，現在の宇宙論の活発な研究対象となっている．

9.5 相対論のパラドックス

相対論はふつうの常識とかなりかけはなれているので，よく考えないと何が何だかわからなくなってしまうパラドックスが出現することがよくある．その典型的なものが前節にあげたローレンツ短縮と時計の遅れに関するものだ．それを例で説明することにしよう．

9.5.1 川に落ちる列車

いま鉄道を長さ L の列車が走っていて，列車と同じ長さの川にさしかかったとしよう．列車の後尾が橋に乗った瞬間に橋が崩れたとする．川岸から見ている人は列車がローレンツ短縮して短くなって見え，列車の先端はまだ向こう岸に着いていないから列車は川に転落する．一方列車の運転手は，川がローレンツ短縮して短く見え，橋が崩れた瞬間には列車の前半部が向こう岸に渡っているので，列車が剛体なら墜落しないですむと見るだろう．これは互いに矛盾しているが，どちらが本当だろうか？ これをローレンツ変換を使って調べよう．

まず川岸の人の座標系を鉄橋方向を x 軸，鉛直下向きを y 軸にとる．図 9.2 に示したように，$t=0$ で列車の後尾 P の座標を原点 $(0,0)$ にとる．その瞬間の列車の先端 Q は $(L\sqrt{1-\beta^2}, 0)$ の位置にある．鉄橋の左端は原点であり，右端は $(L, 0)$ である．電車は落下する．では運転手はどう見るか？

まず静止系での $t=0$ は，ローレンツ変換

$$x' = \frac{x - vt}{\sqrt{1-\beta^2}}, \qquad y' = y, \qquad t' = \frac{t - vx/c^2}{\sqrt{1-\beta^2}} \tag{9.26}$$

で変化する．このとき運転手にとっての電車の後尾は，やはり座標原点になる．次に時刻 $t=0$ での列車の先端は，式 (9.26) に $t=0, x=L\sqrt{1-\beta^2}$ を入れて

9.5 相対論のパラドックス

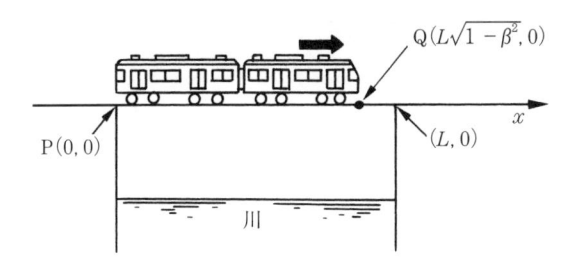

[図: 川に落ちる列車の図。P(0,0)、Q(L√(1-β²), 0)、(L,0)、x軸、川]

図 9.2　川に落ちる列車

$$x' = L, \quad y' = 0, \quad t' = -\frac{vL}{c^2} \tag{9.27}$$

となり，過去になっている．しかし運転手にとっては，列車は静止したままだから $t' = 0$ でも x' の値は式 (9.27) のままで，列車の長さは L である．次に崩れた瞬間 $t = 0$ の鉄橋の左端は列車後尾に一致しているから原点 $t' = x' = 0$ にあるが，右端 $t = 0, x = L$ は

$$x' = \frac{L}{\sqrt{1-\beta^2}} > L, \quad y' = 0, \quad t' = -\frac{vL}{c^2\sqrt{1-\beta^2}} \tag{9.28}$$

となる．したがって運転手にとって，橋は同時に取り外されたのではないことがわかる．右端は少し過去に取り外され，そのとき列車の先端は $(L/\sqrt{1-\beta^2})-L > 0$ だけ向こう岸の手前にあって届いていないのだ．それで列車はやはり運転手から見ても落ちることがわかる．同時刻というのが岸から見て決められているためのパラドックスだ[*2]．

9.5.2　固有時と浦島太郎のパラドックス

すでに見たように相対論では時間というものは，座標系が違えば異なる時間を使わねばならない．それではいろいろ不便なこともあるので，どんな慣性系

[*2] もっとよく考えて，鉄橋の幅が剛体の列車よりずっと狭く見えているのに，どうして落ちるかと考える人もいるだろう．それはたいへんよい質問で，こんな質問ができるようになってほしいものだ．それはさておき，列車が落ちる様子をローレンツ変換して調べてみると，実はどんな剛体でもぐにゃりと曲がって狭いところへ落ち込んでいくことがわかる（各自やってみよ）．相対論では，剛体というものにあまり意味はなくなるのだ．実際，もし完全な剛体が存在するとすれば，それはすべてのものが光速より速く動けないという相対論の帰結とすぐに矛盾する．長い剛体の端を押せば，ただちに光の速さで届かない点も同時に動くことになるからだ．

でも共通に使える時間があるのが望ましい．その候補として，粒子がどんな運動をしていてももち歩いているような固有の時間というものが考えられる．

いま，ある慣性系で見た時刻 t での粒子の位置を $(x(t), y(t), z(t))$ とし，それから微小時間 dt たったときの位置を $(x(t+dt), y(t+dt), z(t+dt))$ とする．このとき粒子が加速度運動をしているかどうかは問わない．そこで $dx(t) \equiv x(t+dt) - x(t)$ などと書いて

$$\begin{aligned}
d\tau &\equiv \frac{1}{c}\sqrt{c^2 dt^2 - (dx(t))^2 - (dy(t))^2 - (dz(t))^2} \\
&= dt\sqrt{1 - \frac{\boldsymbol{u}^2(t)}{c^2}}
\end{aligned} \quad (9.29)$$

を定義する．ここで $\boldsymbol{u}$ はこの系で見た粒子の速度である．

ここで定義した量は，ローレンツ変換しても変わらないローレンツ・スカラーになっている．それはローレンツ変換を代入してみればすぐにわかる（問題 9.7 参照）．だからその意味を考えるには，慣性系ならどんな座標系でも構わない．そこで，その瞬間に粒子が静止している座標系を考えよう．そのとき $\boldsymbol{u}(t) = 0$ だから，$d\tau = dt$ となって，その慣性系の時間と一致している．粒子が等速運動していなくても，このようにそのときそのときの静止座標系をとれば，そこでの時間を加えたものになっている．言い換えれば，その粒子がもち歩いている時計になっている．その意味でこれを**固有時**という．その重要な性質は，ローレンツ・スカラーであるから，粒子の運動が同じならば，どんな慣性系を使って求めても同じ値になるということだ．しかし運動の仕方が違えば固有時は異なる．

これで浦島太郎のパラドックスを説明する準備ができたので，いよいよそれを説明しよう．慣性系の原点に太郎と母親がいたとする．太郎は亀に乗って x 方向に超高速で旅をし，竜宮城で 3 日過ごした後また亀に乗って帰ってきた．そのとき母親から見て，太郎の時計は $\sqrt{1-\beta^2}$ だけ遅れており，太郎が帰ってきたとき母親はとっくに亡くなっている．ところが，太郎から見れば，動いているのは母親の方で自分が年をとってしまっているのに，母親の方が若いということになる．お互いに相手が若く見えてしまう．これをふつう**双子のパラドックス**というが，ここでは**浦島太郎のパラドックス**とよぼう．

これはふつう，太郎が帰ってくるときに慣性系に乗ったままでは帰ってこられないので，どこかで加速し帰ってきているはずだから，一般相対論で考える

べきだと書かれていることがある．たしかに一般相対論で考えれば，正しい答が得られ，太郎の方が若いということになるのだが（9.7節参照）．ここで上に定義した固有時を使ってもっとやさしく考えようというわけだ．

母親が静止している系で，それぞれの固有時を計算する．母親はいつも静止しているから $u = 0$ で，固有時は

$$\tau_1 = \int_0^T dt = T \tag{9.30}$$

である．一方，太郎は，速さ v で遠ざかり，時刻 $T/2$ で折り返して時刻 T で原点に戻ってくる．その固有時は

$$\tau_2 = \int_0^{T/2} \sqrt{1-v^2/c^2} dt + \int_{T/2}^T \sqrt{1-v^2/c^2} = T\sqrt{1-\beta^2} \tag{9.31}$$

となって，太郎の固有時は母親のよりも小さい．したがって太郎が帰ってきたときには相当の時間がたっているというわけだ．太郎の系でどう理解するかは問題9.8を見よ．太郎と母親の時間の対応をつけると，太郎が慣性系を乗り換えるときに時間の飛びが生じて，このような結果になることがわかる．

この議論からわかるように，一般に慣性系でじっとしているよりも，動き回った方が時間がたたない．だから運動をやると健康によい（？）．式 (9.29) からわかるように，一般にある時間と空間の点から別の点へ行くのに動き回っていけば経過する時間が短くてすむ．

なお，このことは実現不可能なことではなく，現に短い寿命（10^{-6} 秒程度）をもつ素粒子を加速器の中で超高速（光の速さの 0.99 倍ぐらい）で回すと，確かに寿命が伸びていることで検証されている．

このほかにもいろいろなパラドックスが考えられる．いずれもローレンツ変換を正しく使えばどうなるかわかるはずだ．読者が自分でいろいろ考えて楽しむことを勧める．

9.6 電磁場の方程式と力学の方程式

相対性理論の要求は，どんな慣性系でも方程式の形が同じであることだ．これがマクスウェルの方程式で正しく成り立っているかどうかを確かめよう．それには電場と磁場による方程式よりも，ローレンツ・ゲージ $[\nabla \cdot \boldsymbol{A}_L + (1/c^2)(\partial \phi_L/\partial t) = 0]$ での電磁ポテンシャル $\boldsymbol{A}_L, \phi_L$ による式の方がやさしいのでそれを考える．

$$\left(\nabla^2 - \frac{1}{c^2}\frac{\partial^2}{\partial t^2}\right)\boldsymbol{A}_L = -\mu \boldsymbol{i}$$
$$\left(\nabla^2 - \frac{1}{c^2}\frac{\partial^2}{\partial t^2}\right)\phi_L = -\frac{1}{\varepsilon}\rho \tag{9.32}$$

この問題を調べるには，まずこの中に現れる量がどのように変換するかを調べておかなければならない．座標の変換則は式 (9.8) で与えられ，その逆変換は $v \to -v'$ として

$$ct = \gamma(\beta x' + ct'), \quad x = \gamma(x' + vt'), \quad y = y', \quad z = z' \tag{9.33}$$

となる．これから

$$\frac{\partial x}{\partial x'} = \gamma, \qquad \frac{\partial x}{\partial t'} = \gamma v, \qquad \frac{\partial t}{\partial x'} = \gamma \frac{v}{c^2}, \qquad \frac{\partial t}{\partial t'} = \gamma \tag{9.34}$$

したがって

$$\frac{\partial}{\partial x'} = \gamma\left[\frac{\partial}{\partial x} + \frac{v}{c^2}\frac{\partial}{\partial t}\right], \qquad \frac{\partial}{\partial t'} = \gamma\left[v\frac{\partial}{\partial x} + \frac{\partial}{\partial t}\right]$$
$$\frac{\partial}{\partial y'} = \frac{\partial}{\partial y}, \qquad \frac{\partial}{\partial z'} = \frac{\partial}{\partial z} \tag{9.35}$$

と変換する．ここで $x^0 = ct, x^1 = x, x^2 = y, x^3 = z$ と表記する．いま示したように $(\partial/\partial(ct), \partial/\partial x, \partial/\partial y, \partial/\partial z)$ に対する変換は，元の座標に対する変換の逆変換になっている．座標と同じに変換する量を**反変ベクトル**とよび，x^μ ($\mu = 0, 1, 2, 3$) のように右肩に添字をつけて表す．それと逆に変換する量を**共変ベクトル**とよび，p_μ のように添え字を右下につけて表す．すでに述べたように，これらをあまり区別する必要がないときは**4元ベクトル**ともよぶ．これらのベクトルは $\eta_{\mu\nu}$ やその逆行列である $\eta^{\mu\nu}$ を $x_\mu = \eta_{\mu\nu} x^\nu$ のように掛けて，添字を自由に上げ下げすることができる．ここで，上下にくり返して現れている添字に関しては $\nu = 0, 1, 2, 3$ について和をとると約束し（**アインシュタインの規約**），$\eta_{\mu\nu}$ は，$\mu = \nu$ のときだけ 0 でなく，$\mu = \nu = 1, 2, 3$ のときは 1，$\mu = \nu = 0$ のときは -1 の量である（その理由は $\eta_{\mu\nu}$ などが，ローレンツ変換の下でそれぞれの添字についてベクトルと同じに変換する**テンソル**になっているためである）．そうすると，添字が上下のものをそろえて和をとると，ローレンツ変換の下で変換しない量が得られることがわかる．この操作を**縮約**という．

これがわかったので，次に電磁ポテンシャルにかかっている演算子

9.6 電磁場の方程式と力学の方程式

$$\partial^2 \equiv \nabla^2 - \frac{1}{c^2}\frac{\partial^2}{\partial t^2} = \partial_\mu \partial^\mu \quad \left(\partial_\mu \equiv \frac{\partial}{\partial x^\mu}\right) \tag{9.36}$$

を考える．最後の表し方と上に述べた縮約から，この演算子はローレンツ変換の下で不変になっている．実際，式 (9.35) を使って

$$\begin{aligned}\partial'^2 &= \gamma^2\left[\frac{\partial}{\partial x} + \frac{v}{c^2}\frac{\partial}{\partial t}\right]^2 + \left[\frac{\partial}{\partial y}\right]^2 + \left[\frac{\partial}{\partial z}\right]^2 - \frac{\gamma^2}{c^2}\left[v\frac{\partial}{\partial x} + \frac{\partial}{\partial t}\right]^2 \\ &= \nabla^2 - \frac{1}{c^2}\frac{\partial^2}{\partial t^2} = \partial^2\end{aligned} \tag{9.37}$$

となって変わらないことがわかる．

次に電荷密度については，ある領域に閉じ込められている電荷を考えると，その領域がローレンツ変換を受けて体積が $V' = V\sqrt{1-\beta^2}$ になるが，そのなかの電荷量は変わらないはずだから

$$\rho' V' = \rho V \to \rho' = \rho/\sqrt{1-\beta^2} \tag{9.38}$$

を得る．これをローレンツ変換 (9.8) と比べると，$\rho \to t, x = 0$ として，よく似ていることがわかる．そこで四つの座標と時間の組 (ct, x, y, z) が反変ベクトルをつくっていることを考えると，この電荷密度と電流密度の組 $(c\rho, i_x, i_y, i_z)$ がやはり反変ベクトルになっているのではないかと思われる．実際いま求めた電荷密度の変換則はそう考えたときの

$$\begin{aligned}i'_x &= \gamma(i_x - v\rho), \quad i'_y = i_y, \quad i'_z = i_z, \\ c\rho' &= \gamma(c\rho - \beta i_x)\end{aligned} \tag{9.39}$$

において電流を 0 にしたものと同じだ．

そうすると ∂^2 が不変だったことと式 (9.32) の形を見ると，$(\phi/c, A_x, A_y, A_z)$ の組が，やはり反変ベクトルとして変換すれば，すなわち

$$\begin{aligned}A'_x &= \gamma(A_x - \beta\phi/c), \quad A'_y = A_y, \quad A'_z = A_z, \\ \phi'/c &= \gamma(\phi/c - \beta A_x)\end{aligned} \tag{9.40}$$

であれば，これらの式はやはり不変である．なぜならこのとき両辺は同じように変換するからである．実際

$$\partial'^2 A'_x + \mu i'_x = \gamma \partial^2 (A_x - \beta\phi/c) + \mu\gamma(i_x - \beta c\rho)$$

9 相対性理論

$$= \gamma \left(\partial^2 A_x + \mu i_x\right) - \beta\gamma/c \left(\partial^2 \phi + \frac{\rho}{\varepsilon}\right) = 0 \tag{9.41}$$

が成り立つ．ここで $\mu c = 1/c\varepsilon$ を使った．ほかの成分についても同様に成り立つことが確かめられる．さらにこのとき，ローレンツ条件も 4 元ベクトルの積になっていてローレンツ・スカラーになっており，やはり不変だ．したがって，マクスウェルの方程式は不変であることが結論される．

ここで元のマクスウェルの方程式に現れる電場と磁場は，どのように変換するのかを求めてみよう．電磁ポテンシャルで電場を与える公式により

$$\begin{aligned} E'_x &= -\frac{\partial A'_x}{\partial t'} - \frac{\partial \phi'}{\partial x'} \\ &= -\gamma\left[v\frac{\partial}{\partial x} + \frac{\partial}{\partial t}\right]\left[\frac{A_x - \beta\phi/c}{\sqrt{1-\beta^2}}\right] - \gamma\left[\frac{\partial}{\partial x} + \frac{v}{c^2}\frac{\partial}{\partial t}\right]\left[\frac{\phi - vA_x}{\sqrt{1-\beta^2}}\right] \\ &= -\frac{\partial A_x}{\partial t} - \frac{\partial \phi}{\partial x} = E_x \end{aligned} \tag{9.42}$$

を得る．y 成分は

$$\begin{aligned} E'_y &= -\frac{\partial A'_y}{\partial t'} - \frac{\partial \phi'}{\partial y'} \\ &= -\gamma\left[v\frac{\partial}{\partial x} + \frac{\partial}{\partial t}\right]A_y - \gamma\frac{\partial}{\partial y}\left[\phi - c\beta A_x\right] \\ &= \gamma(E_y - vB_z) \end{aligned} \tag{9.43}$$

と変換する．同様にして z 成分は

$$E'_z = \gamma(E_z + vB_y) \tag{9.44}$$

となる．磁場も同様に計算すれば

$$B'_x = B_x, \qquad B'_y = \gamma(B_y + \beta E_z/c), \qquad B'_z = \gamma(B_z - \beta E_y/c) \tag{9.45}$$

となる．これらは座標や電磁ポテンシャルなどの変換則とはかなり違うが，2 階のテンソルとよばれる量として変換している[*3]．これが変換則は A などで考えた方がやさしい理由だ．

[*3] このことが 9.1 節の最初に述べたパラドックスの答だ．つまり，静止した電荷に磁場をかけたとき力は働かない．これを動いている座標系で見ると，電荷は動いて磁場による力が働くが，同時に式 (9.42)〜(9.44) の変換則によって電場もできその力が打ち消されるのだ．なおこのように E と B がローレンツ変換で混ざり合うことは，電磁気におけるいわゆる E-B 対応とよばれるものが自然であることを示している．

9.6 電磁場の方程式と力学の方程式

すでに述べたように座標と電荷密度などは反変ベクトルとなっている．これを

$$x^\mu \equiv (ct, x, y, z)$$
$$A^\mu \equiv (\phi/c, A_x, A_y, A_z) \qquad (\mu = 0, 1, 2, 3) \tag{9.46}$$
$$j^\mu \equiv (c\rho, i_x, i_y, i_z)$$

という簡便な記法で書く．このときローレンツ変換はこの4次元の添字（足ともいう）μ に作用する行列の変換だと考えてよい [式 (9.9) を見よ]．その行列のなす群がローレンツ群である．そのとき（添字の上げ下げを適当にして）

$$F^{\mu\nu} \equiv \partial^\mu A^\nu - \partial^\nu A^\mu \tag{9.47}$$

を定義して，**場の強さ**とよぶ．この量は μ と ν の足についてそれぞれローレンツ変換をする反対称な量になっている[*4]．これが **2 階の反対称テンソル**というもので，実際その成分は

$$F^{\mu\nu} = \begin{pmatrix} 0 & \frac{1}{c}E_x & \frac{1}{c}E_y & \frac{1}{c}E_z \\ -\frac{1}{c}E_x & 0 & B_z & -B_y \\ -\frac{1}{c}E_y & -B_z & 0 & B_x \\ -\frac{1}{c}E_z & B_y & -B_x & 0 \end{pmatrix} \tag{9.48}$$

となっている．これに左と右からローレンツ変換の行列 (9.9) を掛けてやれば，確かに上で与えた変換を再現することが確かめられる．$\eta_{\mu\nu}$ を使って添字を下げたものは

$$F_{\mu\nu} = \begin{pmatrix} 0 & -\frac{1}{c}E_x & -\frac{1}{c}E_y & -\frac{1}{c}E_z \\ \frac{1}{c}E_x & 0 & B_z & -B_y \\ \frac{1}{c}E_y & -B_z & 0 & B_x \\ \frac{1}{c}E_z & B_y & -B_x & 0 \end{pmatrix} \tag{9.49}$$

で与えられる．なおこの表記法では，場の強さ $F^{\mu\nu}$ はゲージ変換

$$A^\mu \to A^\mu + \partial^\mu u \tag{9.50}$$

のもとで不変であることは式 (9.47) の形から一目瞭然である．

そしてマクスウェルの方程式は

[*4] ここで式 (9.36) に示した $\partial_\mu \equiv \partial/\partial x^\mu$ という書き方を使った．

$$\begin{aligned}&\partial_\mu F^{\mu\nu} = -\mu j^\nu \\ &\partial_\mu F_{\nu\rho} + \partial_\nu F_{\rho\mu} + \partial_\rho F_{\mu\nu} = 0\end{aligned} \qquad (9.51)$$

という式になることがわかる．こう書いてみれば，和をとっていない添字についての変換性は両辺で同じであり，したがってこれらがローレンツ変換のもとで不変な式になることは明らかといってよかろう．これらの式は両辺が同じに変換するので，等式として不変なのであって，式の中味そのものが不変なのではない．これらの式のこの性質をローレンツ変換のもとで**共変的**であるという．

これで電磁場の性質はだいぶわかったが，相対性理論で成り立つ力学の方程式はどんなものだろう？ いままで考えていたニュートン力学では，式 (9.17) のような速度の合成則は出てこないから，明らかに何らかの修正が必要だ．

この法則を求めるために，いま図 9.3 のような天秤ばかりの上を支点から左右対称に質量 m_0 の物体が速度 v_0 で運動するときを考える．はかりに対し静止した座標系では，支点は $x=0$，物体の座標は

$$\begin{aligned}&\text{A:} \quad x = vt \\ &\text{B:} \quad x = -vt\end{aligned} \qquad (9.52)$$

で与えられる．これを左に v で動く（B が静止している）座標系で見れば

$$x' = \gamma(x + vt), \qquad t' = \gamma(t + \beta x/c) \qquad (9.53)$$

となる．だから，支点 $x=0$ は $x' = \gamma vt = vt'$，物体 A の位置 $x=vt$ は

$$x' = 2\gamma vt, \qquad t' = \gamma(1+\beta^2)t \qquad (9.54)$$

したがって

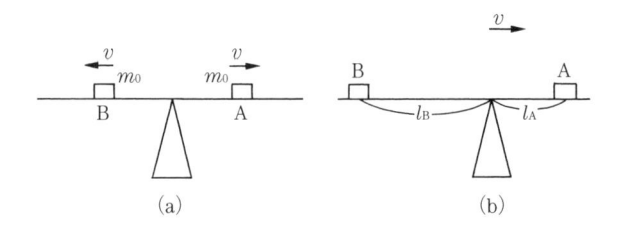

図 **9.3** つりあい

9.6 電磁場の方程式と力学の方程式

$$x' = \frac{2v}{1+\beta^2} t' \tag{9.55}$$

また B は，$x' = 0$ にある．したがって支点からの物体の距離はそれぞれ

$$\begin{aligned} \text{A:} \quad & l_A = \frac{2v}{1+\beta^2} t' - vt' = \frac{(1-\beta^2)v}{1+\beta^2} t' \\ \text{B:} \quad & l_B = vt' \end{aligned} \tag{9.56}$$

となり，はかりに固定した系で見たときとは異なることになる．しかしつりあうことはどんな系で見ても成り立つはずだから，これは運動しているときの質量が変わっていることを意味している．それを m，静止質量を m_0 とすれば，つりあいの式から

$$m = m_0 \frac{1+\beta^2}{1-\beta^2} \tag{9.57}$$

を得る．これを動く座標系での物体の速度 $\beta' = (2\beta)/(1+\beta^2)$ で書けば

$$m = m_0 \frac{1}{\sqrt{1-\beta'^2}} \tag{9.58}$$

となる．つまり速度 v で動けば，質量が変化して見える．これから静止したときのものを引けば，運動エネルギーが

$$m - m_0 = m_0 \left(\frac{1}{\sqrt{1-\beta^2}} - 1 \right) = \frac{1}{2} m_0 \frac{v^2}{c^2} + \cdots \tag{9.59}$$

となって，これに c^2 を掛けたものが，速度が遅いとき（ニュートン力学）の運動エネルギーになることがわかる．また一般に，質量に c^2 を掛けたものがエネルギーになる（**静止エネルギー**）．

ここで一つ注意しておくべきなのは，厳密にはここで得た質量は，つりあいで求めたので，重力質量であって慣性質量ではないことだ．しかし重力があるときに，それによるエネルギーと運動エネルギーを加えたものを保存させるためには，これらを同一視した方が都合がよい．

また式 (9.58) の質量は，ローレンツ変換すれば（β が変わって）値が変わるから，相対論的にあまり意味をもっていない．これに対し静止質量は，後の式 (9.65) で見るように，ローレンツ・スカラーであり，相対論的な不変量である．そういう意味で，静止質量には相対論的にはっきりした意味があるが，式 (9.58) はあまり意味をもたない量であることに注意しておく．

運動方程式の形がどうなるかを考えるには，まずそれが相対論的に不変でなければならないことに注意する．それには単にふつうの時間 t を使ったのでは，見る座標系によって違うので複雑な形になると思われる．ところがうまい具合に，われわれは座標系によらない時間というものを知っている．それは浦島太郎のパラドックスに出てきた固有時 τ だ．そこで粒子の速度を固有時で座標を微分したもの

$$v_i = \frac{\mathrm{d}x_i(\tau)}{\mathrm{d}\tau} = \frac{\mathrm{d}x_i(t)}{\mathrm{d}t} \bigg/ \frac{\mathrm{d}\tau}{\mathrm{d}t} = \frac{u_i}{\sqrt{1-(u/c)^2}} \tag{9.60}$$

を速度と考えよう．これはベクトルだから，相対論の精神に従って，これと4元ベクトルをなすものを考えよう．それは

$$v_0 = c\frac{\mathrm{d}t}{\mathrm{d}\tau} = \frac{c}{\sqrt{1-(u/c)^2}} \tag{9.61}$$

となる．それでこれに静止質量を掛けて運動量を

$$p_i = \frac{m_0 u_i}{\sqrt{1-(u/c)^2}}, \qquad p_0 = \frac{m_0 c}{\sqrt{1-(u/c)^2}} \tag{9.62}$$

と定義すれば，運動方程式は

$$\frac{\mathrm{d}p_\mu}{\mathrm{d}\tau} = F_\mu \tag{9.63}$$

となると期待される．F_μ を共変ベクトルとすれば $\mathrm{d}\tau$ は不変な固有時なので，この方程式の両辺の変換性は同じになっており，相対論的に不変な方程式になっている．これが相対性理論における運動方程式だ！

この方程式の3次元の部分 ($\mu = x, y, z$) については，ニュートン力 f_i を使って

$$F_i = \frac{f_i}{\sqrt{1-(u/c)^2}} \tag{9.64}$$

とすれば，u が小さいときはニュートン方程式に一致することがわかる．では $\mu = 0$ の成分 F_0 は何を表すのだろう？

それを見るにはまず式 (9.62) により

$$\sum_{i=1}^{3} p_i^2 - p_0^2 = m_0^2 \frac{\sum_i u_i^2 - c^2}{1-(u/c)^2} = -m_0^2 c^2 \tag{9.65}$$

となることに注意しよう．これは前に述べたローレンツ・スカラーだ．これを τ で微分すると

$$\sum_{i=1}^{3} p_i \frac{\mathrm{d}p_i}{\mathrm{d}\tau} - p_0 \frac{\mathrm{d}p_0}{\mathrm{d}\tau} = 0 \tag{9.66}$$

となる．左辺に式 (9.62)～(9.64) を代入してやれば

$$\frac{m_0 \boldsymbol{u} \cdot \boldsymbol{f}}{1-(u/c)^2} - \frac{m_0 c F_0}{\sqrt{1-(u/c)^2}} = 0 \tag{9.67}$$

すなわち

$$F_0 = \frac{\boldsymbol{u} \cdot \boldsymbol{f}}{c\sqrt{1-(u/c)^2}} \tag{9.68}$$

となる．したがって第 4 の方程式は

$$\frac{\mathrm{d}}{\mathrm{d}t}(p_0 c) = \boldsymbol{u} \cdot \boldsymbol{f} \tag{9.69}$$

と書ける．この右辺は外力がする仕事だから，左辺の中味は粒子のエネルギー E を表す．式 (9.62) より

$$E = p_0 c = \frac{m_0 c^2}{\sqrt{1-(u/c)^2}} = mc^2 \tag{9.70}$$

ただし，最後の等式では式 (9.58) を使った．特に質点が静止しているときは

$$E_0 = m_0 c^2 \tag{9.71}$$

これを**アインシュタインの質量公式**といい，静止した物体でもエネルギーをもつことを表している．

9.7　一般相対性理論

いままで述べてきた相対論は，慣性系の間の移り変わりだけを考えた．そのことを強調するときには，これを**特殊相対性理論**（特殊相対論）という．力学の法則が共変的であるためには，力は式 (9.9) に従って変換しなければならない．しかし，万有引力による力にはそんな性質がない．それで特殊相対性理論では，重力は取り扱えないものとして残されている．そこで当然重力理論を特

殊相対性理論に取り入れようという試みがなされた．しかしその試みはなかなかうまくいかなかった．ところがその解決は意外なところからきた．それはまたもやアインシュタインによってもたらされた．彼は特殊相対性理論が慣性系しか取り扱えないことに不満足を感じ，慣性系以外の系へ移り変わることもできるように法則を拡張することを試みた．

　加速度をもつ系を考えると重力を考えることになる理由は，次の通りである．重力がかかっているときには物体は加速度運動をする．ところが，同じような加速度運動は重力がかかっていなくても起こる．それは物体の乗っている系が加速度運動をするときである．系が運動しているかどうかを知らない人には，物体が加速度をもって動き出したとき，それが加速度運動によるものか，重力が加わったために起こっているのか区別する方法はない．このことは逆に，重力があっても自由落下するエレベーターの中のように，加速度をもった系に移れば，重力の効果を消してしまうことができることを意味している．

　ここでは，すべての物質の慣性質量と重力質量の比が一定であり，単位の取り方によりそれらが同じにとれることが前提となっている．そうでなければ，ニュートンの運動方程式を思い出してみればわかるように，加速運動したとき物体により加速度が異なることになり，すべての物体に対して重力を消すことができないことになるからである．この一般相対性理論の重要な前提を，**等価原理**という．

　さてそこで相対性原理を拡張して，物理法則がどんな座標系でも同じであること，一般の座標変換に対して不変であることを要求するとどうなるだろう．これが一般相対性理論の第2の前提で**一般相対性原理**とよばれる．そのときは適当な座標系で物理法則を求めておけば，それを座標変換しても同じ法則となるはずだから，一般的な法則を求めることができる．重力がある場合の法則は，いま述べたことからまず適当な系，例えば自由落下している系では重力は消えているので，その場合に法則を決め，それを座標変換で不変にしてやればよい．

　そこで，図9.4に示したように自由落下しているエレベーターの中で光を一直線に飛ばしたとしよう．エレベーターの中は慣性系だから，特殊相対論により光はまっすぐ進む．これを外から見れば光が一方の壁から他方の壁に着くまでに，エレベーターは加速しながら下に動いているので，エレベーターでまっすぐの光は，止まっている重力のある系では，下向きに曲がったように見えるはずだ．それを解釈するのに重力が働いているような系に乗っている人は，重

9.7 一般相対性理論

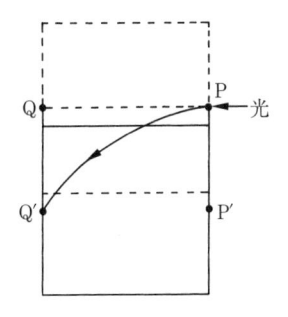

図 9.4 自由落下するエレベーター

力があるために光が曲がったと考えるだろう．これをアインシュタインはさらに重力場があるために，空間が曲げられていると解釈する．これを押し進めることにより，非ユークリッド幾何学を用いた壮麗な重力を取り扱う**一般相対性理論**（一般相対論）が構築されたのである．この理論では，重力は空間の曲がりとして理解される．

この光の曲がりを解釈する別の方法は，重力の強い下側では光がゆっくり進むと考えることだ．つまり重力があれば時計が遅れると考える．2輪の車で，両側の車輪の大きさが違うと曲がってしまうのと同じことだ．したがって加速度のある系では時計が遅れる．これが一般相対論による双子のパラドックスの解釈だ．この結果，旅行してきた方が若いというのはすでに述べた通りである．

しかしいかに理論がきれいであっても，それが実験で検証され，その正しさが示されなければ，物理学の理論としては受け入れがたい．現在この一般相対性理論の検証としては，太陽重力による**光線の湾曲**と**水星の近日点の移動**がある．重力場があれば光線が曲がるが，重力が大きくなければ検出できない．皆既日食を利用して太陽重力場により，確かに光が曲がることが確かめられている．また水星の運動はほとんど楕円だが，ほかの惑星の影響のため完全な楕円とならず，その近日点が長い間にわずかながらずれる．そのずれは，実験ではニュートンの理論でほかの惑星の影響を考慮して予言されたものより，100年間で43秒の角度だけ大きい．これは一般相対論でみごとに説明されている．

一般相対論によれば，重力場が存在すると時間が遅れる．その日常への影響として，**カーナビ**（カーナビゲーションシステム）への影響が上げられる．重力による時間の遅れは実際の時間としてはたいへん小さなものであるが，カー

ナビはいくつかの衛星と車の間で光を使って通信することにより，その差で位置を割り出す．たとえ時間の遅れが1日あたり10^{-6}秒程度であっても，光の速さを掛けると1週間程度たつと2km程度と大きなずれとなってしまう．このため時刻を合せる必要が生じ，このことは一般相対論の現代的な検証と考えられている．

いまのところ一般相対論に事実と食い違う点はなく，またこれよりもすっきりとこれらの点を説明し，ほかに事実と矛盾しない結果を与えるものはなく，この理論は広く受け入れられている．ただし，現代物理学のもう一つの柱である量子論と矛盾するかもしれないので，この点は現在多くの研究者によって精力的に研究されている．この方向で現在もっとも有力と考えられているのは，**超弦理論**という広がった物体を含む理論である．

問題

9.1 地球が静止したエーテルの中を速度vで動いているとき，光を距離Lだけ往復させる．図9.5のように，光の方向と地球の進行方向が平行な場合と垂直な場合に往復に要する時間を求めよ．$L = 10\,\text{m}$, $v = 30\,\text{km/s}$ としてどのくらいの差になるか？

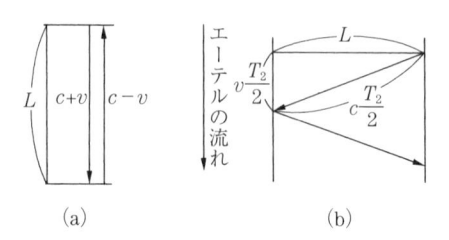

図 **9.5** マイケルソン–モーレーの実験

9.2 9.2節の本文でどのような系から見れば，光がまず電車の前に当たったあと，後ろに当たるか？

9.3 式 (9.10) がローレンツ変換のもとで不変なローレンツ・スカラーになっていることを確かめよ．

9.4 ローレンツ変換 (9.9) を用いて，K$'$系での速度uと加速度αのK系への変換則を求めよ．

9.5 時計の遅れが正しいとして，静止しているときの寿命がτの粒子が光速度の0.99倍の速度で飛ぶときの寿命は，静止している人にとって何倍になるか？

9.6 赤い光（波長 $\lambda = 8000\,\text{Å}$）が青く（$\lambda = 5000\,\text{Å}$）見えるためには，どのくらいのスピードで動かねばならないか？

9.7 式 (9.29) がローレンツ変換しても不変なことを確かめよ．

9.8 太郎が最初に乗っていた K' 系で，母親（K 系）と太郎の固有時を計算せよ．

9.9 双子の兄弟の太郎と次郎が 20 歳のとき，太郎は地球に最も近い恒星のケンタウルス座の α 星（地球から 4.4 光年の距離にある）に速さ $v = 0.99c$ で往復する．太郎が帰ってきたときの二人の年齢は？

9.10 ロケットが地球から距離 L の天体に向けて打ち出され，搭乗者から見て一定の加速度 α で一直線上を進むとき，天体に到着するまでの時間は搭乗者の時間でいくらか？

9.11 f_i は速度と同じに変換する（問題 9.4 参照）として，式 (9.64), (9.68) の力が共変ベクトルであることを示せ．

9.12 $m_0 c^2$ がエネルギーの次元をもつことを確かめ，1 g の物質の静止エネルギーを求めよ．それで何トンの水を $0°\text{C}$ から $100°\text{C}$ にすることができるか？

付録A　ベクトル解析と積分定理

A.1　ベクトル解析

多変数関数に対する微分法

例として 3 変数 x, y, z の関数 $f(x, y, z)$ を考えよう．ほかの変数を固定して一つの変数を動かしたときの $f(x, y, z)$ の変化を

$$\frac{\partial f}{\partial x}(x, y, z) = \lim_{\Delta x \to 0} \frac{f(x + \Delta x, y, z) - f(x, y, z)}{\Delta x} \tag{A.1}$$

と書き，偏微分という．$\partial f/\partial y, \partial f/\partial z$ も同様．そうすると

$$\begin{aligned}
\frac{\partial^2 f}{\partial x \partial y}(x, y, z) &= \lim_{\Delta x \to 0} \frac{\partial}{\partial x} \frac{f(x, y + \Delta y, z) - f(x, y, z)}{\Delta y} \\
&= \lim_{\Delta x \to 0} \lim_{\Delta y \to 0} \frac{1}{\Delta x} \Big[\frac{f(x + \Delta x, y + \Delta y, z) - f(x + \Delta x, y, z)}{\Delta y} \\
&\quad - \frac{f(x, y + \Delta y, z) - f(x, y, z)}{\Delta y} \Big] \\
&= \lim_{\Delta x \to 0} \lim_{\Delta y \to 0} \frac{1}{\Delta y} \Big[\frac{f(x + \Delta x, y + \Delta y, z) - f(x, y + \Delta y, z)}{\Delta x} \\
&\quad - \frac{f(x + \Delta x, y, z) - f(x, y, z)}{\Delta x} \Big] \\
&= \frac{\partial^2 f}{\partial y \partial x}(x, y, z)
\end{aligned} \tag{A.2}$$

が成り立つ．ほかの z に関する微分についても同様である．

全微分

関数 $f(x, y, z)$ で，x, y, z が少しだけ変化して $x + \mathrm{d}x, y + \mathrm{d}y, z + \mathrm{d}z$ になったときの全体の変化量を全微分 $\mathrm{d}f$ とよぶ．すると

$$\mathrm{d}f = f(x + \mathrm{d}x, y + \mathrm{d}y, z + \mathrm{d}z) - f(x, y, z)$$

$$\simeq \frac{\partial f(x,y,z)}{\partial x}\mathrm{d}x + \frac{\partial f(x,y,z)}{\partial y}\mathrm{d}y + \frac{\partial f(x,y,z)}{\partial z}\mathrm{d}z \tag{A.3}$$

が成り立つ．ある量 V が

$$\mathrm{d}V(x,y,z) = F_x(x,y,z)\mathrm{d}x + F_y(x,y,z)\mathrm{d}y + F_z(x,y,z)\mathrm{d}z \tag{A.4}$$

と書けるとき，これが全微分であるならば，式 (A.3) の形をしているはずなので

$$F_x = \frac{\partial V}{\partial x}, \qquad F_y = \frac{\partial V}{\partial y}, \qquad F_z = \frac{\partial V}{\partial z} \tag{A.5}$$

となる．したがって

$$\frac{\partial F_x}{\partial y} = \frac{\partial F_y}{\partial x}, \qquad \frac{\partial F_y}{\partial z} = \frac{\partial F_z}{\partial y}, \qquad \frac{\partial F_z}{\partial x} = \frac{\partial F_x}{\partial z} \tag{A.6}$$

という関係が成り立つ．実はこの条件は式 (A.4) が全微分になるための必要十分な条件になっている．

$\mathrm{d}V$ が全微分になっているときは，これを積分した $V(x,y,z)$ は途中の経路によらず (x,y,z) という点のみの関数になる．これは力学でやったように，式 (A.6) がポテンシャル $V(x,y,z)$ が定義できるための条件であったことを思い出せば，容易にわかる．これらのことは，熱力学や電磁気学でも重要になってくる．

以上は変数が (x,y) の二つであったり，四つ以上あってもほとんど自明な拡張により正しい．

微分定理

ここで第 1 章でも出たナブラ ∇ を

$$\nabla \equiv \left(\frac{\partial}{\partial x}, \frac{\partial}{\partial y}, \frac{\partial}{\partial z} \right) \tag{A.7}$$

で導入しよう．すると次の定理が成り立つ．

$$\nabla \times (\nabla \phi) = 0 \tag{A.8}$$

$$\nabla \cdot (\nabla \times \boldsymbol{A}) = 0 \tag{A.9}$$

$$\nabla \times (\nabla \times \boldsymbol{A}) = \nabla(\nabla \cdot \boldsymbol{A}) - \nabla^2 A \tag{A.10}$$

$$\nabla \cdot (\boldsymbol{E} \times \boldsymbol{H}) = (\boldsymbol{\nabla} \times \boldsymbol{E}) \cdot \boldsymbol{H} - \boldsymbol{E} \cdot (\nabla \times \boldsymbol{H}) \tag{A.11}$$

証明は，正直に成分に分解して確かめるしかない．各自でやってみよ．

A.2 ガウスの定理とベクトルの発散

いよいよガウスの定理を与える．

いま $\boldsymbol{E}(x,y,z)$ というベクトルが与えられているとする．図 A.1(a) のような微小体積の面上で，ベクトル $\boldsymbol{E}$ の垂直外向き成分を積分する（和をとる）と

$$E_x(x+\mathrm{d}x,y,z)\mathrm{d}y\mathrm{d}z - E_x(x,y,z)\mathrm{d}y\mathrm{d}z \approx \frac{\partial E_x}{\partial x}\mathrm{d}x\mathrm{d}y\mathrm{d}z \tag{A.12}$$

を得る．上下の面については $x \leftrightarrow z$，前後の面では $x \leftrightarrow y$ として，同じことをやれば

$$\frac{\partial E_z}{\partial z}\mathrm{d}x\mathrm{d}y\mathrm{d}z, \qquad \frac{\partial E_y}{\partial y}\mathrm{d}x\mathrm{d}y\mathrm{d}z \tag{A.13}$$

を得る．したがってこの六面体の表面で足すと

$$\int \boldsymbol{E}\cdot\boldsymbol{n}\mathrm{d}S = \int \left(\frac{\partial E_x}{\partial x} + \frac{\partial E_y}{\partial y} + \frac{\partial E_z}{\partial z}\right)\mathrm{d}x\mathrm{d}y\mathrm{d}z \tag{A.14}$$

が成り立つ．ここで $\boldsymbol{n}$ は**外向き単位法線ベクトル**だ．表面での和が体積での和になったことに注意！ これが**ガウスの定理**の一番簡単な形だ．

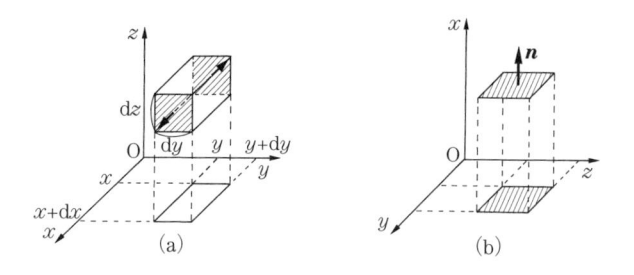

図 A.1 ガウスの定理と面積分

考えている体積がもっと大きいときはどうするか？ そのときはこれを小さなサイコロ状に切って，いま考えた定理が成り立つようにする．それを全体で加えれば隣合う面の上の積分は，法線ベクトルが逆向きなので打ち消し合う．体積の中に入っている面は，必ず接する面があるから打ち消し合い，結局表面の積分だけが残る．体積の積分では打ち消しはないから

$$\int_S \boldsymbol{E}\cdot\boldsymbol{n}\mathrm{d}S = \int_V \left(\frac{\partial E_x}{\partial x} + \frac{\partial E_y}{\partial y} + \frac{\partial E_z}{\partial z}\right)\mathrm{d}x\mathrm{d}y\mathrm{d}z \tag{A.15}$$

を得る.ただし V は閉曲面 S で囲まれる体積だ.これが一般的なガウスの定理だ.

ここで式 (A.7) のナブラ ∇ を使えば,右辺の積分の中味は

$$\nabla \cdot \boldsymbol{E} \tag{A.16}$$

と書け,ガウスの定理は

$$\int_S \boldsymbol{E} \cdot \boldsymbol{n} \mathrm{d}S = \int_V \nabla \cdot \boldsymbol{E} \mathrm{d}V \tag{A.17}$$

と書ける.第1章で述べたように,右辺の積分の中味を**ベクトルの発散**とよぶ.この意味はこうだ.ベクトルの外向きの成分を足すと,その発散を体積で足したものになる.要するに,ベクトルの発散とは内部から出てくる何かがあることを表している.

左辺の面積分の計算法について一言.これは $\boldsymbol{n} = (n_x, n_y, n_z)$ とすれば

$$\int_S [E_x(x,y,z)n_x + E_y(x,y,z)n_y + E_z(x,y,z)n_z] \mathrm{d}S \tag{A.18}$$

となる.ベクトル $\boldsymbol{n}$ は平面が $f(x,y,z) = 0$ で与えられるときは,

$$\boldsymbol{n} \propto \nabla f(x,y,z) \tag{A.19}$$

で得られる.さらに式 (A.18) の中の $n_x \mathrm{d}S$ は,微小面 $\mathrm{d}S$ の x 軸に垂直な面への射影になっているから,これは直交座標では

$$\int E_x(x(y,z),y,z) \mathrm{d}y\mathrm{d}z + \int E_y(x,y(x,z),z) \mathrm{d}z\mathrm{d}x$$
$$+ \int E_z(x,y,z(x,y)) \mathrm{d}x\mathrm{d}y \tag{A.20}$$

となる.これは図 A.1(b) のように $\boldsymbol{n}$ が x 軸方向を向いているとき,$n_x \mathrm{d}S = \mathrm{d}y\mathrm{d}z$ となること等からわかる.ここで第1項で x を $x(y,z)$ と書いたのは,面が決まっていれば y,z が与えられると x が決まる,つまり x はその関数になっているからである.ほかの項も同じ.こうして後は独立な変数で積分すればよい.問題もやってみよ.右辺の体積の積分は,ふつうの1変数の場合と同じように x,y,z で独立に積分すればよい.

A.3　ストークスの定理とベクトルの回転

ベクトル $\boldsymbol{A}, \boldsymbol{B}$ が与えられたとき，そのベクトル積 $\boldsymbol{A} \times \boldsymbol{B}$ とは，大きさがそれらのなす角 θ を使って $|\boldsymbol{A}||\boldsymbol{B}|\sin\theta$ で，方向が $\boldsymbol{A}$ から $\boldsymbol{B}$ に右ねじを回したとき進む方向であるものをいう．第 1 章で示したように，成分で書くと

$$\boldsymbol{A} \times B = (A_y B_z - A_z B_y,\ A_z B_x - A_x B_z,\ A_x B_y - A_y B_x) \quad (\text{A.21})$$

となっている．性質として

$$\begin{aligned}&\boldsymbol{A} \times \boldsymbol{B} = -\boldsymbol{B} \times \boldsymbol{A}, \qquad \boldsymbol{A} \times \boldsymbol{A} = 0 \\ &(\boldsymbol{A} \times \boldsymbol{B}) \cdot \boldsymbol{A} = (\boldsymbol{A} \times \boldsymbol{B}) \cdot \boldsymbol{B} = 0\end{aligned} \quad (\text{A.22})$$

を満たす．

前の付録ではナブラとベクトルの内積を考えたので，次はベクトル積を考えてみようというのが人情というものだ．それは**回転**（ローテーション）とよばれ

$$\nabla \times \boldsymbol{E} = \left(\frac{\partial E_z}{\partial y} - \frac{\partial E_y}{\partial z},\ \frac{\partial E_x}{\partial z} - \frac{\partial E_z}{\partial x},\ \frac{\partial E_y}{\partial x} - \frac{\partial E_x}{\partial y} \right) \quad (\text{A.23})$$

となる．

これだけの準備をしたうえで，いよいよストークスの定理を示す．いま図 A.2 のように，x–y 平面内の微小な長方形を右回りに 1 周したとき，ベクトル $\boldsymbol{E}(x,y,z)$ の進行方向成分を加えることを考える．それは

$$\begin{aligned}\int_C \boldsymbol{E}(x,y,z) \cdot \mathrm{d}\boldsymbol{r} &= E_x(x,y,z)\mathrm{d}x + E_y(x+\mathrm{d}x,y,z)\mathrm{d}y \\ &\quad + E_x(x+\mathrm{d}x, y+\mathrm{d}y, z)(-\mathrm{d}x) \\ &\quad + E_y(x, y+\mathrm{d}y, z)(-\mathrm{d}y) \\ &= -[E_x(x+\mathrm{d}x, y+\mathrm{d}y, z) - E_x(x,y,z)\mathrm{d}y]\mathrm{d}x \\ &\quad - [E_y(x+\mathrm{d}x, y, z) - E_y(x, y+\mathrm{d}y, z)]\mathrm{d}y \\ &= -\frac{\partial E_x}{\partial y}\mathrm{d}x\mathrm{d}y + \frac{\partial E_y}{\partial x}\mathrm{d}x\mathrm{d}y \\ &= (\nabla \times \boldsymbol{E})_z \mathrm{d}x\mathrm{d}y = \int_S (\nabla \times \boldsymbol{E}) \cdot \boldsymbol{n}\mathrm{d}S \qquad (\text{A.24})\end{aligned}$$

となる．$\boldsymbol{n}$ は面に垂直に立てた単位法線ベクトルである．といっても，その向きを指定しないと意味がない．一般に面の向きというものは，**その周を回ると**

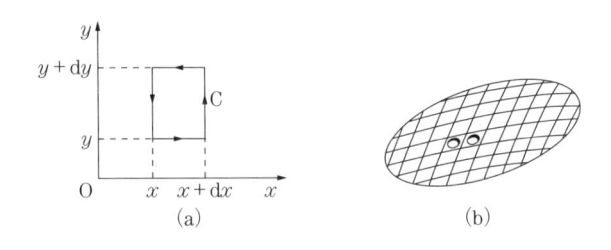

図 **A.2**　ストークスの定理

き右ねじが進む方向を正にとる．n はその方向にとる．この左辺は**線積分**といい，右辺は**面積分**という．なんのことはない，単に線の長さを掛けたり，面積を掛けたりしたものだ．

任意の面を考えて，それを小さなメッシュに切り刻んで，いま証明した式を各部分に適用する．内部の線積分は隣合うもの同士でお互いに打ち消し，結局一番外側の閉曲線についての和だけが残る．したがって面が大きくても

$$\int_C \boldsymbol{E}(x,y,z)\cdot \mathrm{d}\boldsymbol{r} = \int_S (\nabla\times \boldsymbol{E})\cdot \boldsymbol{n}\mathrm{d}S \tag{A.25}$$

が成り立つ．これがストークスの定理というものだ．要するに，ベクトルのぐるりと回る成分は，その回転で表せるということである．

線積分 (A.25) の実際の計算は

$$\int_C \boldsymbol{E}(x,y,z)\cdot \mathrm{d}\boldsymbol{r} = \int E_x(x,y(x),z(x))\mathrm{d}x + \int E_y(x(y),y,z(y))\mathrm{d}y$$
$$+ \int E_z(x(z),y(z),z)\mathrm{d}z \tag{A.26}$$

として計算すればよい．面積分と同じように，経路が決まっていれば，x の値でほかの変数の値が決まるので，こうして計算できる．具体的な計算は 1 章や 3 章とここの問題をやって感じをつかんでもらいたい．

回転や発散の意味を理解するために，1.4 節に上げた例をもう一度復習しておこう．ベクトル $\boldsymbol{a} = (-y, x, 0)$ を考え，それにナブラを作用させてみよう．これは原点から伸ばした方向 $\boldsymbol{b} = (x, y, 0)$ と直交するベクトルで，反時計回りに巻いている渦のようになっている．これにナブラを作用させると

$$\nabla\cdot\boldsymbol{a} = 0, \qquad \nabla\times\boldsymbol{a} = (0,0,+2) \tag{A.27}$$

このように発散は回転しているだけのベクトルにはなく，回転は回転している成分があることを教えてくれる量になっている．もっと詳しくいうと，渦の巻いている面内で渦と同じ向きに右ねじを回したとき進む方向のベクトルを与える．

これに対して原点から伸ばした方向ベクトル $\boldsymbol{b}$ の場合は

$$\nabla \cdot \boldsymbol{b} = 2, \qquad \nabla \times \boldsymbol{b} = 0 \tag{A.28}$$

となる．つまり発散は内部からサボテンの針のように外向きに出ている場合に 0 でなく，回転は $\boldsymbol{b}$ に回転方向の成分があるかどうかを教えてくれるのである．

問題

A.1 （線積分 $\int \boldsymbol{A} \cdot \mathrm{d}\boldsymbol{r}$）
(a) $\boldsymbol{A}_1 = (axy, 0, 0)$ および $\boldsymbol{A}_2 = (2xy, x^2, 0)$ に対し，(I)$y = x$ および (II)$y = x^2$ の経路に沿って原点から $(1, 1, 0)$ まで積分せよ．
(b) $\boldsymbol{A} = (yz, zx, xy)$ を任意の閉じた経路で線積分すると 0 になることを示せ（ヒント：経路が媒介変数 t を使って，$x = f(t), y = g(t), z = h(t)$（これらは $t = 0, T$ で元に戻る関数とする）と表せるとせよ）．これは $\boldsymbol{A}$ がグラディエントになっているためだ．

A.2 （面積分 $\int \boldsymbol{A} \cdot \boldsymbol{n} \mathrm{d}S$）
$\boldsymbol{A}_1 = (-y, x, 0)$ および $\boldsymbol{A}_2 = (x, y, z)$ に対し，3 点 $(1, 0, 0), (0, 1, 0), (0, 0, 1)$ を頂点とする三角形で計算せよ．

A.3 $\boldsymbol{E} = (x, y, z)f(r)$ の発散を計算し，それに対して $\int \nabla \cdot \boldsymbol{E} \mathrm{d}V$ を球面内について積分せよ．次にこれと $\int \boldsymbol{E} \cdot \boldsymbol{n} \mathrm{d}S$ を球面上で積分したものとを比較せよ．

A.4 $\boldsymbol{E} = (y, -x, 0)f(r)$ について問題 A.3 と同じことをせよ．

章末問題解答

第1章

1.1 図1.3で，ベクトルOBを"長方形の法則"によってベクトルOCとODに分ける．OCとOAの和はOEになるから，これは結局ベクトルODとOEを合成することになるから，再び"長方形の法則"を使えば平行四辺形の法則が得られる．

1.2 そのまま計算すればよい．

1.3 (a)は図を描いて示す．(b)は前問の結果を用いればよい．

1.4 成分を計算すれば，いずれも $A_x(B_yC_z - B_zC_y) + A_y(B_zC_x - B_xC_z) + A_z(B_xC_y - B_yC_x)$ となる．

1.5 $\bm{a} \times \bm{b} = (0, 0, -x^2 - y^2), \bm{a} \cdot \bm{b} = 0$. $\bm{a}$ と $\bm{b}$ は直交する長さ $\sqrt{x^2 + y^2}$ のベクトルであり，そのスカラー積は0，ベクトル積の大きさは $\bm{a}$ と $\bm{b}$ のつくる正方形の面積になっている．

1.6 例えば左辺の x 成分は，$A_y(B_xC_y - B_yC_x) - A_z(B_zC_x - B_xC_z) = (\bm{A} \cdot \bm{C})B_x - (\bm{A} \cdot \bm{B})C_x$ となる．他成分も同様．

1.7 $(\mathrm{d}/\mathrm{d}t)(\bm{r}_1 \cdot \bm{r}_2) = 2a_1t(a_2t^2 + b_2) + (a_1t^2 + b_1)2a_2t + 2c_1c_2t = (\mathrm{d}\bm{r}_1/\mathrm{d}t) \cdot \bm{r}_2 + \bm{r}_1 \cdot (\mathrm{d}\bm{r}_2/\mathrm{d}t)$ 等．

1.8 $v = a - 2bt$. $v = 0$ となるのは，$t = a/(2b)$. この時間までは速度は正なので，この時間になったとき位置が最大となる．そのとき $x = a^2/(4b)$.

1.9 等速直線運動では，$\bm{x} = \bm{v}t + \bm{c}$. これを時間で微分すると $\ddot{\bm{x}} = 0$ となる．

1.10 $x = (A/\omega)\sin\omega t, \alpha = -A\omega\sin\omega t$.

1.11 計算するだけ．

1.12 前問と同じ．

1.13 $(1/2)(\mathrm{d}\bm{r}/\mathrm{d}t)^2 +$ 定数．

1.14 $\nabla\phi = (2x, 2y, 2z)$. 球の外向きに向いたベクトルになる．$\nabla \times \nabla\phi = 0$.

1.15 2種類ある．内積で掛けると3．ベクトル積で掛けると0ベクトル．後者はベクトルであることに注意．$\bm{r}$ は球面からくりのいがのように外を向いたベクトルなのでこうなる．

1.16 $\nabla \cdot \boldsymbol{A} = 3f(r) + rf'(r), \nabla \times \boldsymbol{A} = 0.$

第2章

2.1 式 (1.26) と式 (2.1) により $mr\omega^2 = mv^2/r$ ($v = r\omega$ に注意).

2.2 単位時間あたりの運動量の変化として, $F = m\dot{v}$.

2.3 力を F として, $m\dot{v} = -F$ より $v = -(F/m)t + v_0, x = -(F/2m)t^2 + v_0 t$. $v = 0$ となる時間は $t = mv_0/F$. これを x に入れて $x = mv_0^2/2F$. これが 5 m なので $F = (10^3/10)\left(30 \times 10^3/60^2\right)^2 = 6.9 \times 10^3$ N. 速度が a 倍なら力は a^2 倍, 力が一定のとき速度が b 倍の車が止まるのに必要な距離は b^2 倍になる. これは運転免許の交通の教則にも出ている.

2.4 $m(v^2/r) = 10^3/10 \left(30 \times 10^3/60^2\right)^2 = 6.9 \times 10^3$ N. これは自分の重さによる力 9.8×10^3 N の 7 割になる. a^2 倍.

2.5 頂上でのつりあいから, $mr\omega^2 \equiv mr(2\pi f)^2 = mg$. したがって $f = (1/2\pi)\sqrt{g/r}$. $r = 1$m なら, $f = 0.5$ 回/s となる.

2.6 式 (1.26) より r 方向: $m(\ddot{r} - r\dot{\theta}^2) = F_r$, θ 方向: $m(r\ddot{\theta} + 2\dot{r}\dot{\theta}) = F_\theta$.

2.7 (a) $\boldsymbol{v} = a\omega(-\sin\omega t, \cos\omega t)$ となり, 原点からのベクトル $\boldsymbol{r}$ と直交することは明らか. (b) $\boldsymbol{\alpha} = -a\omega^2(\cos\omega t, \sin\omega t)$ であり, これは円の中心を向いており, $\boldsymbol{v}$ と直行している. (c) 運動方程式により, $\boldsymbol{F} = m\ddot{\boldsymbol{r}} = -m\omega^2\boldsymbol{r}$ となるので, 中心に向いた力, すなわち中心力が働いている.

2.8 代入すれば確かめられる.

2.9 $x = (Ae^{t^2} + 1)/(Ae^{t^2} - 1).$

2.10 式 (2.28) の第 1 式によって 18m 進む時間が $t = 18/40$ となるから ($\theta = 0$), これを式 (2.28) の第 2 式に代入して $z = -4.9(18/40)^2 = -0.99$, すなわち 99cm 落ちる. また, ホームで同じ高さにするには, $t = 18/40\cos\theta$ を式 (2.29) に代入して, $z = 0$ を解く. すると $\sin 2\theta \simeq 0.11$ となるので, $\theta \simeq 3.5°$ となる.

2.11 斜面方向に x 軸, それと垂直に y 軸をとる. 運動方程式は $m\ddot{x} = -g\sin\beta, m\ddot{y} = -mg\cos\beta$ となり, これらを積分すると $\dot{x} = -g\sin\beta t + v_0\cos\alpha, \dot{y} = -g\cos\beta t + v_0\sin\alpha$ を得る. さらに積分して $x = -(g/2)\sin\beta t^2 + v_0\cos\alpha t, y = -(g/2)\cos\beta t^2 + v_0\sin\alpha t$ となる. $y = 0$ となる時刻 $t_0 = 2v_0\sin\alpha/(g\cos\beta)$ を x に入れて, 求める距離は $(2v_0^2/g)[\sin\alpha\cos(\alpha+\beta)/\cos^2\beta]$ となる. 最大となる角度は $\alpha = \pi - 2\beta/4$.

2.12 抵抗と重力がつりあう速度は $f_I + f_v = mg$ で決まる. これに表の数値を入れ a を mm の単位で表せば, $av^2 + 0.36v - 43.6a^2 = 0$ となるから $v = [-0.36 + \sqrt{0.36^2 + 174a^3}]/2a$ を得る. これから表 A.1 を得る. これは測定値とよく一致

表 A.1　慣性抵抗と粘性抵抗を入れた場合の雨滴の速度

半径 (mm)	0.05	0.25	0.5	1.0	1.5	2.0
速度 (m/s)	0.29	2.65	4.3	6.4	7.96	9.23

している．

2.13 $\ddot{z} = c(\dot{z}^2 - v_f^2)$ としよう．ただし $v_f^2 = mg/[(\pi/4)\rho_0 a^2], c = [\pi/(4m)]\rho_0 a^2$．これから $dv_z/(v_f^2 - v_z^2) = -ct$ となる．積分して $\ln[(v_f+v_z)/(v_f-v_z)] = -2cv_f t+$ 定数．初期条件を入れて $v_z = -v_f + (2v_f e^{-2cv_f t})/(1+e^{-2cv_f t})$ を得る．v_f が終速度になる．これをもう1度積分すれば $z = h - v_f t - (1/c)\ln\{[1+\exp(-2cv_f t)]/2\}$．

2.14 式 (2.49) が満たされているとき，垂直抗力 T の最大値は $T = 6mg = 6 \times 5 \times 10^3 \times 9.8 = 2.9 \times 10^5$ N．これは 30 トンの物体が乗っているのと同じ．

2.15 $z = ax^b$ の法線方向は $(abx^{b-1}, -1)$ なので，束縛力を λ とすれば運動方程式は $m\ddot{x} = abx^{b-1}\lambda, m\ddot{z} = -\lambda - mg$．微小振動なら，$z$ の変化は無視できる．したがって第2式より $\lambda = -mg$．第1式は $m\ddot{x} = -mabgx^{b-1}$．$b = 2$ のときは，単振動で周期 $2\pi/\sqrt{2ga}$．

2.16 垂直抗力を T とすれば，θ の角だけ落ちたとき，運動方程式は $ma\dot\theta^2 = mg\cos\theta - T, ma\ddot\theta = mg\sin\theta$．本文と同様に，$\dot\theta^2 = (v_0/a)^2 + (2g/a)(1-\cos\theta)$ を得るから，$T = mg(3\cos\theta - 2) - mv_0^2/a$．(1) $T = 0$ となるとき離れ，$\cos\theta = 2/3 + v_0^2/(3ga)$．(2) $\theta = 0$ で $T \leq 0$ となるために，$v_0^2 \geq ga$．

2.17 $l = g(T/2\pi) = 0.25$ m．昔の振子時計はこんな長さだった．

2.18 $2\pi\sqrt{4/9.8} = 4.0$ 秒．

第3章

3.1 $(10 \times 10^{-3} \times 200)/(60 + 0.01) = 0.03$ m/s．頭だけだと 13 cm/s．

3.2 $10 \times 10^3 \times 9.8 \times 0.05/30 = 163$ m/s．

3.3 640 N．重力のもとでパイを支える力は，4.9 N．

3.4 4640 N．

3.5 $(-mv) - mv = -2mv$．

3.6 衛星に地球中心からの距離を x として，つりあいから $x\omega^2 = GM/x^2$．ただし $\omega = 2\pi/(24 \times 60^2)$．式 (1.26) より $\boldsymbol{l} = (r\boldsymbol{e}_r) \times m(\dot{r}\boldsymbol{e}_r + r\dot\theta\boldsymbol{e}_\theta) = mr^2\dot\theta(\boldsymbol{e}_r \times \boldsymbol{e}_\theta)$ となって，角運動量の大きさは $l = mx^2\omega = 1.3 \times 10^{14}$ kg·m^2/s となる．

3.7 $l = mr^2\omega = 7.348 \times 10^{22} \times (3.844 \times 10^8)^2 \times 2\pi/(27.3 \times 24 \times 60^2) = 2.9 \times$

10^{34} kg·m^2/s.

3.8 (a) 円周と垂直な方向の z 成分だけあって，大きさは $ma^2\omega$．これは時間によらず，保存している．

(b) 例えば，$(a, 0, 0)$ のまわりの角運動量を計算する．$\boldsymbol{r}' = (a(\cos\omega t-1), a\sin\omega t, 0)$ として計算すると，やはり z 成分だけあって，大きさは $ma^2\omega(1-\cos\omega t)$ となり，保存していない（時間に依存している）．

3.9 (a) $x^2/A^2 + y^2/B^2 = 1$ を満たすことから明らか．

(b) z 成分だけあって，$l_z = m\omega AB$．保存している．

3.10 $\boldsymbol{L} = mvy\boldsymbol{e}_z$．時間によっていないことからもわかるように，保存している．力が加わっていないため，力のモーメントが 0 のため．

3.11 $Fx = 6.9 \times 10^3 \times 5 = 3.5 \times 10^4$ J．最初の運動エネルギーは $(1/2)mv_0^2 = (1/2)1000\left[(3\times 10^4)/60^2\right]^2$ で，等しい．実は等しいことは，$x = mv_0^2/(2F)$ から明らか．

3.12 例 1 のルートでは $\int_0^a 0 dx' + \int_0^b a^4 dy' + \int_0^c 0 dz' = a^4 b$．例 3 では $\int_0^1 4a^4 bs^4 ds + \int_0^1 a^4 bs^4 ds = a^4 b$．例 3 の場合，各項に余分の a, b, c がつくことに注意．どれも同じになる．ポテンシャルは $a \to x, b \to y, c \to z$ として，$V = -x^4 y$．

3.13 例 1 のとき，$\int_0^a 0 dx + \int_0^b 0 dy' + \int_0^c a^2 b dz' = a^2 bc$．例 3 では $\int_0^1 a^3 bcs^4 ds + \int_0^1 ab^3 cs^4 ds + \int_0^c a^2 bcs^3 ds = (1/5)a^3 bc + (1/5)ab^3 c + (1/4)a^2 bc$．この場合は経路により仕事が異なる．ポテンシャルはない．

3.14 (I) (1) のとき，$\int_0^a 0 dx + \int_0^b a^3 dy = a^3 b$．(2) では $\int_0^b 0 dy + \int_0^a 3x^2 b dx = a^3 b$．どちらも同じで，ポテンシャルはあり，$V = -x^3 y$．(II) (1) のとき，$\int_0^a 0 dx + \int_0^b ay^2 dy = ab^3/3$．(2) では，$\int_0^b 0 dy + \int_0^a x^2 b dx = a^3 b/3$ で，経路によって仕事が違うから，ポテンシャルはない．

3.15 問題 3.12 の場合，$\nabla \times \boldsymbol{F} = 0$ となり，保存力．問題 3.13 の場合，$(\nabla \times \boldsymbol{F})_x = x^2 - xy^2 \neq 0$ となり，保存力ではない．問題 3.14 の場合，同様にして (I) は保存力だが (II) は保存力でないことが確かめられる．

3.16 $\boldsymbol{F} = (A/r^2)(\boldsymbol{r}/r)$．

3.17 成分を計算すればすぐわかる．

3.18 式 (3.28) を調べれば，条件は $a_{ij} = a_{ji}$ となる．ポテンシャルは $V = (1/2)\sum_{i,j} a_{ij} ij$．

3.19 $50 \times 10^3 \times 9.8 = 4.9 \times 10^5$ J．脂肪は $[(4.9\times 10^5)/(3.8\times 10^7)] \times 10 = 0.129$ kg．

3.20 x 度上がるとすれば，$m \times 9.8 \times 50 = m \times 10^3 \times x \times 4.2$ より $x = 0.12°$．

3.21 (a) $(1/2)mv^2 = 94.5$ J．(b) これを 150 倍して，14,200 J．(c) このエネルギーは $14200/(1500\times 4.18) = 2.26$ g．たったこれだけにしかならない！

3.22 2.7 節に説明してあるように，式 (2.44) から式 (2.47) を得るが，これは $(1/2)mv^2$

$-2mgz = (1/2)mv_0^2$ と書け, 力学的エネルギーの保存則になっている.

3.23 (a) $v_0 \leqq \sqrt{2gl}$. (b) $v_0 \geqq \sqrt{5gl}$.

3.24 力は $F = -kx$ で, 力学的エネルギー保存則は $(1/2)(m\dot{x}^2 + kx^2) = E$ となる.

3.25 運動エネルギーを T とすれば, $T - GMm(1/r) = E$. $T \geq 0$ により $E \geq 0$ のときは無限遠まで行けるが, $E < 0$ のとき有限. 脱出速度は $E = (1/2)mv^2 - GMm/R = 0$ より, 地球半径 R 等を表 5.1 より入れて, $v = 11.2$ km/s を得る. 第 1 宇宙速度は, $v = \sqrt{GM/R}$ で約 7.9 km/s となる.

3.26 $x = x_0 + y$ とおけば, 運動方程式から $m\ddot{y} = -V'(x_0 + y) = -V''(x_0)y$. これは周期 $2\pi\sqrt{m/V''(x_0)}$ の単振動.

3.27 $e^x = y$ とおけば, $dx/dt = (1/y)(dy/dt)$ だから, エネルギーの式は $(m/2)[(1/y)(dy/dt)]^2 = E - (D/y^2) + 2D/y$. したがって $dy/dt = \pm\sqrt{(2Ey^2 + 4Dy - 2D)/m} = \pm\sqrt{[2E(y + D/E)^2 - 2D(1 + D/E)]/m}$. これから $-D < E < 0$ のときだけ周期的になる ($E < 0$ に注意). 周期は (3.51) により $2\pi\sqrt{m/(-2E)}$.

3.28 垂直抗力 $T = mg\cos\theta$ となり, $F = mg\sin\theta$ なので, 式 (3.57) より $\mu > \tan\theta$.

3.29 x を下向きにとれば, 運動方程式は $m\ddot{x} = mg\sin\theta - \mu'mg\cos\theta$. 両辺に $\dot{x}$ を掛けて変形すれば, $(d/dt)[(1/2)m\dot{x}^2 - mg\sin\theta x] = -\mu'mg\cos\theta\dot{x}$. 一方, 運動方程式の解は $\dot{x} = (g\sin\theta - \mu'g\cos\theta)t + v_0$ となる. これを右辺に入れたものが, 摩擦による力学的エネルギーの減少量を与える.

第 4 章

4.1 自然長からのずれを z とすれば, 運動方程式は $m\ddot{z} = -kz - mg$. 平衡の位置は $kz_0 = -mg$ なので, それからのずれを x とすれば式 (4.1) を得る.

4.2 式 (4.11) を入れて, $x = \sqrt{2E/k}\sin\theta$ と変数変換して計算すれば, $2\pi\sqrt{m/k}$ を得る.

4.3 $0.7k = 20 \times 9.8$ より $k = 280$ kg/s^2. 矢の速度は $(1/2)30 \times 10^{-3}v^2 = (1/2)280 \times 0.7^2$ より $v = 67.6$ m/s を得る.

4.4 (a) $kl_0 = mg\sin 30°$ より, $k = mg/(2l_0)$.
(b) $(1/2)k(l_0 + l_1)^2 = [mg/(4l_0)](l_0 + l_1)^2$.
(c) エネルギー保存則より $(1/2)mv^2 = [mg/(4l_0)]l_1^2$ なので, 速さは $v = \sqrt{g/(2l_0)}l_1$ となる. B の達した O からの距離を x とすれば, エネルギー保存則により最初に蓄えられていたばねのエネルギーが位置のエネルギーとばねのエネルギーになったとして $[mg/(4l_0)](l_0+l_1)^2 = [mg/(4l_0)](x-l_0)^2 + (1/2)(l_1+x)mg$ となるので, $x = l_1$. あるいは, O を基準に考えると, 位置のエネルギーはば

ねの張力と常につりあっているので考える必要はなく，$(1/2)kl_1^2 = (1/2)kx^2$ より，同じ答を得る．運動方程式は，$md^2x/dt^2 = -kx$ になる．したがってこれは単振動であり，その周期は $T = 2\pi\sqrt{m/k}$，最上点までにかかる時間は $(\pi/2)\sqrt{m/k} = (\pi/2)\sqrt{2l_0/g}$.

(d) 前問の結果より，最上点の位置は O から l_2 の距離になるので，$k(l_2 - l_0) > (1/2)Mg$ が条件となる．(a) で求めた k を入れて，$l_2 > [(M + m)/m]l_0$.

4.5 (a) エネルギー保存則 $(1/2)kx^2 = (1/2)mv_0^2$ より，$x = \sqrt{m/k}v_0$.
(b) 運動方程式に代入すると，$\omega = \sqrt{k/m}$ となる．$t = 0$ で $x = 0$ から $\phi = 0$，$\dot{x} = v_0$ から $A\omega = v_0$ なので，$A = v_0\sqrt{m/k}$.
(c) $(-mv_0) - mv_0 = -2mv_0$.
(d) ばねが加える力は $-kx = -kA\sin(\omega t)$ で，時間は $t = 0$ から π/ω まで．したがって $-\int_0^{\pi/\omega} kv_0\sqrt{m/k}\sin(\omega t) = kv_0\sqrt{m/k}(-2/\omega) = -2mv_0$. 大きさは $2mv_0$ で，方向は右向き (負の方向).

4.6 明らかに運動は 1 平面内で起こるから，放出された速度の方向に y 軸をとると，運動方程式は $m\ddot{x} = -kx, m\ddot{y} = -ky$ となり，それぞれの方向に調和振動子となる．その解は，$x = a\cos\omega t, y = (v_0/\omega)\sin\omega t$ となる．ただし $\omega = \sqrt{k/m}$ である．また，初期条件を考慮して定数を決めてある．これらから時間を消去すると，$x^2/a^2 + y^2/(v_0/\omega)^2 = 1$ を得る．これが軌道の方程式で，楕円である．

4.7 運動方程式は $m_1(d^2x_1/dt^2) = k(x_2 - x_1), m_2(d^2x_2/dt^2) = -k(x_2 - x_1)$ であり，その解は $x_1 = -[m_2/(m_1 + m_2)]A\cos(\sqrt{k/\mu}t + \delta), x_2 = -[m_1/(m_1 + m_2)]A\cos(\sqrt{k/\mu}t + \delta)$.

4.8 $(1/2)(d/dt)(m\dot{x}^2 + kx^2) = -2m\mu\dot{x}^2$. これはいずれの解でも時間とともに 0 になっていく．失うべきエネルギーも減少するため．

4.9 4.2 節の解 (4.20) において，$\mu = 1(1/s)$ とすれば，$e^{-3} \simeq 1/20$ なのでちょうどよい．

4.10 運動方程式から $(1/2)(d/dt)(m\dot{x}^2 + m\omega_0^2 x^2) = -2m\mu\dot{x}^2 + F(t)\dot{x}$. この最後の項が外力のする仕事で，その 1 周期についての平均は $-\langle F_0(\cos\omega t)A\omega\sin(\omega t - \alpha)\rangle = (1/2)F_0 A\omega \sin\alpha = A^2 m\mu\omega^2$. 最後の等号は式 (4.25) と式 (4.27) により $\sin\alpha = 2Am\mu\omega/F_0$ を使った．

4.11 抵抗によるエネルギーの消費は，右辺第 1 項目 $-2m\mu\dot{x}^2$ で，平均は $-m\mu A^2\omega^2$ となり，前問の答とつりあう．

4.12 $K + V = (a^2/2)(k + k')$ を得る．これは一定値で，保存している．

4.13 解を代入して，1 周期について平均すると $(1/2)\langle\rho\dot{y}^2 + E(\partial y/\partial x)^2\rangle = (1/2)A^2\omega^2\rho$ を得る．ただし，ここで $\langle\sin^2(\omega t - kx)\rangle = 1/2$ を用いた．

4.14 理想気体の状態方程式 $PV = RT$ を使えば $\rho = M/V$ より $v = \sqrt{\gamma RT/M}$.

$T = 273 + t$ として，$v = 331.5\sqrt{1 + (t/273)} \simeq 331.5 + (1/2)(331.5t/273) \simeq (331.5 + 0.61t)$ m/s.

4.15 $f_1 = (1/2L)\sqrt{S/\sigma} = [1/(2 \times 0.5)]\sqrt{50 \times 9.8/(5 \times 10^{-3}/0.5)} = 221$ (1/s).

4.16 $v = c/\sin 30° = 680$ m/s.

第 5 章

5.1 電車の加速度 α による力 $m\alpha$ と重力が，$m\alpha = mg\sin 30°$ の関係にある．したがって $\alpha = g/\sqrt{3}$ となるから，$(1/2)(g/\sqrt{3})t^2 = 283$ m.

5.2 床の運動を $x = A\cos\omega t$ とする．$\ddot{x} = -\omega^2 A\cos\omega t$ となるから，式 (5.4) により $m\ddot{x}' = -mg + m\omega^2 A\cos\omega t + R$．垂直抗力 $R = m(g - \omega^2 A\cos\omega t)$ が常に正なら離れないから，$\omega < \sqrt{g/A}$ を得る．

5.3 x 軸を下向きにとれば，地上に対し $x = -(1/2)gt^2 + c$ となる．気球の座標は $x_0 = -(1/2)\alpha t^2 + c'$ となるので，気球の中では $x' = -(1/2)(g - \alpha)t^2 + c''$ で落ちる．

5.4 速度 $v = 2\pi R/365 \times 24 \times 60^2 = 2.98 \times 10^4$ m/s （この R は公転半径）．秒速 30 km！ 遠心力は 1 kg あたり $F = v^2/R = 5.9 \times 10^{-3}$ N.

5.5 列車に働く力は遠心力と重力．その合力の方向の水平からの角度 θ は $\tan\theta = g/(v^2/r)$ となる．もし線路が内側に角度 ϕ だけ傾いていれば，これが $\tan(\pi/4 - \phi)$ より大きければ倒れない．したがって $v^2 < 9.8 \times 500 \times (1 + \tan\phi)/(1 - \tan\phi)$ となる．$\phi = 0$ なら $v < 70$ m/s$=252$ km/h．$\phi = 45°$ ならどんなスピードでもひっくり返らない．

5.6 本文 5.4 節の例題の答で $\boldsymbol{v}_0 = 0$ として，$x = (1/3)\omega gt^3 \cos\alpha$, $y = 0$, $z = h - (1/2)gt^2$ だから東側にずれる．落ちるまでの時間は $t = \sqrt{2h/g}$ だから $\Delta x = (\omega\cos\alpha/3)\sqrt{8h^3/g}$．$\cos\alpha = 0.81, h = 333$ m を入れて，$\Delta x = 10.8$ cm を得る．

5.7 軌道からの抵抗を R_x, R_y, R_z とすれば，$R_x + 2M\omega v_y \sin\alpha = 0$, $R_y - 2M\omega v_x \sin\alpha = 0$, $R_z - Mg + 2M\omega v_x \cos\alpha = 0$ となる．運動のために軌道に与える余分な力 P_x, P_y, P_z は $P_x = -R_x = 2M\omega v_y \sin\alpha$, $P_y = -R_y = -2M\omega v_x \sin\alpha$, $P_z = -(R_x - Mg) = 2M\omega v_x \cos\alpha$ となる．これを例えば東に進む場合とすれば，$v_z = v_y = 0$ となるので，$P_y = -2M\omega v_x \sin\alpha$(南方向), $Pz = 2M\omega v_x \cos\alpha$(上向き) の力となる．ほかの場合は自分で考えよ．

5.8 地球の 1 日をいまの $1/x$ 倍とすれば，$I_E x\omega_E + 7.348 \times 10^{22} l^2 \omega_E = 4.779 \times 10^{38} \omega_E$．これと $l(\omega_E/5)^2 = GM/l^2$ を組み合せて解く．後者より $l = 1.23 \times 10^8$ m となるので，これを入れて $x = 3.2$．地球の 1 日は 7.5 時間ほどで，月ま

での距離は 12 万キロメートル程度になる．

第 6 章

6.1 最初静止していたので，運動方程式から $M\dot{x} + m(\dot{x} - \dot{y}) = 0$ を得る．ただし x は板の重心座標で，y は人の板に対する重心座標．これをもう一度積分して $(M+m)x = my$ となるから，$y = l$ を入れて $x = [m/(M+m)]l$ を得る．値を入れると，$l = 92.3\,\mathrm{cm}$ となる．

6.2 最初の位置から $l/2 - h$ だけの部分が，反対側についた形になっている．その部分を $l/2 - h$ だけ下ろしたのと同じだから，重力の位置エネルギーが $\rho(l/2 - h)^2 g$ だけ減っている（ρ は鎖の線密度）．求める速さ v は，エネルギー保存則 $(1/2)\rho l v^2 = \rho(l/2-h)^2 g$ より $v = \sqrt{g/2l}(l - 2h)$．

6.3 式 (6.15), (6.16) から衝突後の速度を求めると $v'_A = [(M_A - eM_B)v_A + M_B(1+e)v_B]/(M_A + M_B)$, $v'_B = [M_A(1+e)v_A + (M_B - eM_A)v_B]/(M_A + M_B)$ となる．$e = 1, M_A = M_B, v_B = 0$ のとき，$v'_A = 0, v'_B = v_A$ となる！これは**速度交換**という現象だ．

6.4 衝突前と後のエネルギーの差は $[(1-e^2)/2][(M_A M_B)/(M_A + M_B)](v_A - v_B)^2$ となるので，$e = 1$ または $v_A = v_B$ のとき．

6.5 $\boldsymbol{v}_B = 0$ とする．エネルギー保存則より $\boldsymbol{v}_A^2 = \boldsymbol{v}'^2_A + \boldsymbol{v}'^2_B$ が成り立つ．これを (6.15) の 2 乗から引くと，$0 = (\boldsymbol{v}'_A + \boldsymbol{v}'_B)^2 - (\boldsymbol{v}'^2_A + \boldsymbol{v}'^2_B) = 2\boldsymbol{v}'_A \cdot \boldsymbol{v}'_B$ を得るので，証明された．

6.6 万有引力のときの相対座標の動径方向運動方程式は $\mu(\ddot{r} - r\dot{\theta}^2) = -GMm/r^2$ となる．$\mu = mM/(m+M)$ だから mM は両辺で打ち消し，結局太陽が止まっているとしたときに比べ，M を $m + M$ でおき換えた式を得る．つまり一方が固定しているとしたときに比べ，質量が増えたのと同じ効果になっている．

6.7 相対座標で考える．中心力だから本文と同じに $\boldsymbol{L} = m\boldsymbol{r} \times \dot{\boldsymbol{r}}$ は保存する．$\boldsymbol{r}, \dot{\boldsymbol{r}}$ ともにこれと直交する平面内にあり，運動は 1 平面内で起こる．

6.8 この平面内の運動方程式は $m\ddot{x} = -kx, m\ddot{y} = -ky$ となり，解は $x = A\cos(\omega t + \alpha), y = B\sin(\omega t + \beta)$ だ．ただし $\omega = \sqrt{k/m}$．$x/A = \cos\omega t \cos\alpha - \sin\omega t \sin\alpha$, $y/B = \sin\omega t \cos\beta + \cos\omega t \sin\beta$ より $x\cos\beta/A + y\sin\alpha/B = \cos\omega t \cos(\alpha - \beta)$, $-x\sin\beta/A + y\cos\alpha/B = \sin\omega t \cos(\alpha - \beta)$ を得るので，これらから時間依存性を消すことができて，x, y は楕円の方程式 $(x\cos\beta/A + y\sin\alpha/B)^2 + (x\sin\beta/A - y\cos\alpha/B)^2 = \cos^2(\alpha - \beta)$ を満たす．周期は $T = 2\pi\sqrt{m/k}$．面積速度は，角運動量が保存するから一定のはずだ．実際，極座標に移って，$\tan\theta = y/x = B\sin(\omega t + \beta)/[A\cos(\omega t + \alpha)]$ を t で微分すると，$\dot{\theta} = [\omega AB\cos(\alpha -$

章末問題解答　　197

$\beta)]/r^2$ を得るから、$S = (1/2)r\dot{\theta}^2 = (1/2)AB\omega\cos(\alpha-\beta)$ で、一定となる。このときの力の中心は、原点になる。

6.9 式 (1.26) により、力は $F_\theta = (\mu/r)(\mathrm{d}/\mathrm{d}t)(r^2\dot{\theta})$, $F_r = \mu(\ddot{r} - r\dot{\theta}^2)$ で与えられる。まず式 (6.49) により、$F_\theta = 0$ となるから、力は中心力。次に軌道 (6.64) を微分して式 (6.50) を代入すれば、$\dot{r} = 2S\varepsilon\sin\theta/\lambda$ となる。これをもう一度微分すれば、$\ddot{r} = 2S\varepsilon\dot{\theta}\cos\theta/\lambda$ となる。この中の $\varepsilon\cos\theta$ は式 (6.64) により、$\dot{\theta}$ は式 (6.50) により消去して、F_r の表式に代入すれば、r^{-3} の項が打ち消して、$F_r = -(4\mu S^2/\lambda)(1/r^2)$ を得る。

6.10 飛来粒子の速度を v とすれば、実験室系では $(1/2)mv^2$. これが重心系にいくと二つとも速度が $v/2$ で動いているから、$2(1/2)m(v/2)^2 = (1/2)(1/2)mv^2$. エネルギーは半分。

6.11 標的粒子の横方向速度と縦方向速度は $m_1v_0\sin\phi_c/(m_1+m_2)$, $m_1v_0\cos\phi_c/(m_1+m_2) - m_1v_0/(m_1+m_2)$. これと散乱粒子の速度を用いて、散乱後の全体の運動エネルギーを計算すると $(1/2)\mu v_0^2$ となり、保存している。

6.12 全運動量は $(m_1+m_2)V$, 全角運動量は $(m_1+m_2)Vh+[m_1m_2/(m_1+m_2)]r^2\omega$.

6.13 (a) $2\pi\sqrt{m_1m_2/[k(m_1+m_2)]}$. (b) $m_1 = m_2$.

6.14 ロケットの進む方向を正にとる。重心は $(-MV+mv)/(M+m)$ で動く。重心系でのロケットの入射速度は $v - (-MV+mv)/(M+m) = [M/(M+m)](V+v)$. この速度で散乱後、元の系に戻せば、横方向は変わらず $[M/(M+m)](V+v)\sin\phi_c$、縦方向は $[M/(M+m)](V+v)\cos\phi_c + (-MV+mv)/(M+m)$. $M \gg m$ のとき、それぞれ $(V+v)\sin\phi_c$, $(V+v)\cos\phi_c - V$ となる。この大きさの 2 乗をとってみれば、$(V+v)^2 + V^2 - 2V(V+v)\cos\phi_c$ で、確かに $\phi_c \neq 0$ のとき加速していることがわかる。

6.15 各段で式 (6.104) に初期条件をつけて加えれば、明らか。

6.16 運動方程式は $m\alpha = mg - \dot{m}v$ となる。(1) $\dot{m} = kmv$ を入れて、$\alpha = g - kv^2$. また (2) $\dot{m}\mathrm{d}t = k'(4\pi r^2)$ に $m = (4\pi/3)r^3\rho$ を入れて、$\mathrm{d}r/\mathrm{d}t = k'/\rho$. したがって $r = (k'/\rho)t + a$ となるから、$\alpha = g - 3k'v/(k't + a\rho)$.

第 7 章

7.1 壁と床の垂直抗力を F_1, F_2 とすると、つりあいの式は $F_2 = Mg, F = F_1$, $Mg(b/2) = F_1\sqrt{a^2-b^2}$. これから $F = F_1 = [b/(2\sqrt{a^2-b^2})]Mg$ を得る。

7.2 角運動量が保存するから、反対向きに角度 $mr^2\theta/I$ だけ回る。この原理で猫は、空中から落とされたときしっぽを回して姿勢を立て直すらしい。

7.3 原理は上と同じ。何か重いものをもって回りたい方向と逆に回す。これは実際

やってみる価値がある．

7.4 重心軸のまわりの慣性モーメントを I_G，それからの軸の距離を h とすれば，式 (7.11) により $I = I_G + Mh^2$ だ．式 (7.30) に代入して 2 乗すれば，$h^2 - [gT^2/(4\pi^2)]h + I_G/M = 0$ を得る．一つの T に対し，これを満たす h は二つあり，それを h_1, h_2 とすれば $h_1 + h_2 = gT^2/(4\pi^2) = l$ となる．

7.5 (a) 運動方程式は $I d^2\theta/dt^2 = -Mgl\sin\theta$ となる．ただし $I = (1/2)Ma^2 + Ml^2$ である．微小振動の場合 $d^2\theta/dt^2 = -\omega^2\theta, \omega = \sqrt{2gl/(a^2 + 2l^2)}$ なので，$T = 2\pi\sqrt{(a^2 + 2l^2)/2gl}$ を得る．(b) $T = 2\pi\sqrt{a^2/2gl + l/g} \geq 2\pi\sqrt{2\sqrt{(a^2/2gl)(l/g)}} = 2\pi\sqrt{\sqrt{2}a/g}$．等号は $l^2 = a^2/2$ すなわち $l = a/\sqrt{2}$ のとき．

7.6 運動方程式は $m_1\dot{v} = m_1 g - T_1, m_2\dot{v} = -m_2 g + T_2, I\dot{v}/a = T_1 a - T_2 a$．これから $\dot{v} = (m_1 - m_2)a^2 g/[(m_1 + m_2)a^2 + I], T_1 = (2m_2 a^2 + I)m_1 g/[(m_1 + m_2)a^2 + I], T_2 = (2m_1 a^2 + I)m_2 g/[(m_1 + m_2)a^2 + I]$ を得る．この装置で $m_1 - m_2$ を小さくすれば $\dot{v}$ が小さくなり，g の精密測定ができる．

7.7 慣性モーメントが違うことを利用する．中身の詰まった球は $I = (2/5)Ma^2$，中空のものは $I = (2/3)Ma^2$ の慣性モーメントをもつから，坂を転げ落としたとき後者の方が遅く落ちる．

7.8 中心から x だけ上を突くとして，与えた力積を $\overline{F}$ とすれば，$Mv = \overline{F}, I\omega = \overline{F}x$ が成り立つ．$v = R\omega$ により球の場合 $x = (2/5)R$，円筒の場合 $x = (1/2)R$ を得る．

7.9 (a) 斜面上向きに x 軸をとり，車輪の回転角速度を ω とする．運動方程式は $(4m + M)\ddot{x} = -(4m + M)g\sin\theta + 2F, (m/2)R^2\dot{\omega} = T - RF$ となる．滑らないので，$\dot{x} = R\omega$ が成り立つ．これらから $\ddot{x} = [2/(5m + M)R]T - [(4m + M)/(5m + M)]g\sin\theta$ が得られる．

(b) 運動方程式より $R\dot{\omega} - \ddot{x} = g\sin\theta_c - [2(5m+M)/(4m+M)m]F + (2/mR)T$ が成り立つ．ここで F は最大静止摩擦力 $F = [m + (M/4)]g\cos\theta_c\mu$ となるので $R\dot{\omega} - \ddot{x} = g\sin\theta_c - [(5m+M)/2m]g\cos\theta_c\mu + (2/mR)T$．この最初の 2 項の和が正のとき，$T$ をどのように与えても右辺は決して 0 にならず，滑る．その条件は $\tan\theta_c > [(5m+M)/2m]\mu$ である．

(c) 滑っているとき，$F = [m+(M/4)]g\cos\theta\mu'$ となる．まず $\ddot{x} \geq 0$ でなければならないので $\tan\theta \leq \mu'/2$．また $R\dot{\omega} - \ddot{x} = g\sin\theta - [(5m+M)/2m]g\cos\theta\mu' + (2/mR)T$ である．静止または上昇しているときはこれは 0 以上なので，$T \geq [(5m+M)\mu'\cos\theta - 2m\sin\theta]gR/4$ を得る．先の条件が満たされていると，右辺は正である．

第 8 章

8.1 シャボン玉の表面のある点 O' を中心とする半径 a の微小部分を考える．この小さな円の円周には表面張力 T が働き，その向きはシャボン玉の中心 O を向いている．その傾きの角度 θ は $\theta \simeq a/r$ である．それらの合力は，対称性により $O'O$ を向き，大きさ $F = 2\pi a T \sin\theta \simeq 2\pi a^2 T/r$ となる．シャボン玉は内面と外面があるので，実際に円が受ける表面張力はこの 2 倍になるので，力のつりあいは $\pi a^2 P_1 = \pi a^2 P_0 + 2 \times 2\pi a^2 T/r$ となる．したがって，外圧 P_0 と内圧 P_1 の差は $P_1 - P_0 = 4T/r$ である．

8.2 前問の結果より，シャボン玉の内圧は半径が小さいほど大きい．したがって，半径の異なる二つのシャボン玉をつなぐと，空気が半径の小さい方から大きい方へ移動して，結局小さなシャボン玉はつぶれる．

8.3 半径 r_0 と r_1 のときのシャボン玉の内圧をそれぞれ P_0', P_1' とすると，$P_0 - P_0' = 4T/r_0, P_1 - P_1' = 4T/r_1$ が成り立つ．さらに，ボイル–シャルルの法則より $P_0' r_0^3 = P_1' r_1^3$ を得る．P_0', P_1' を消去して T について解くと $T = (P_1 r_1^3 - P_0 r_0^3)/[4(r_1^2 - r_0^2)]$ となる．

8.4 問題 8.1 で求めたことから，シャボン玉の半径を r から $r + dr$ だけ大きくするのに必要な仕事は，シャボン玉の表面積が $4\pi r^2$ なので，$dW = (4T/r) 4\pi r^2 dr$ となる．これを r について 0 から a まで積分して $W = \int_0^a 16\pi T r dr = 8\pi T a^2$ となる．仕事は a^2 に比例する．

8.5 蛇口から出る水の量を，毎秒 V とする．これが得る速度は，$(1/2)V\rho v^2 = V\rho g h$ により，$v = \sqrt{2gh}$ となるので，連続の式 (8.14) により，$S = V/\sqrt{2gh}$．面積は距離の平方根で減り，半径は 4 乗根で減る．

第 9 章

9.1 平行な場合，同じ方向に行くときの速度は $c+v$，反対に行くときは $c-v$ となるので，$T_1 = L/(c+v) + L/(c-v) = 2cL/(c^2 - v^2)$．垂直のとき図から $cT_2 = 2\sqrt{L^2 + (vT_2/2)^2}$ となるから，これを解いて $T_2 = 2L/\sqrt{c^2 - v^2}$．$v$ が小さいとき，$T_1 \sim (2L/c)(1+v^2/c^2), T_2 \sim (2L/c)[1+(1/2)(v^2/c^2)]$ となり，この二つの差は $T_1 - T_2 \sim (L/c)v^2c^2$ となる．$L = 10\,\mathrm{m}, v = 3 \times 10^4\,\mathrm{m/s}$ とすれば，これは 3×10^{-16} という小ささだ．この時間差で光が動く距離は，$10^{-7}\,\mathrm{m} \sim 10^3\,\mathrm{Å}$ とやっと可視光の波長程度になるので，干渉計なら測定可能だった．

9.2 電車より速く動いていて，電車が後退して見える系．

9.3 式 (9.9) を入れて計算すれば，$ds^2 = dx'^2 + dy'^2 + dz'^2 - cdt'^2$ になる．

9.4 式 (9.9) から $dt/dt' = (d/dt')[\gamma(t' + \beta x'/c)] = \gamma[1 + \beta u_x'/c]$ となる．ただし $\beta =$

v/c である．速度は $u_x = dx/dt = (dt'/dt)(dx/dt') = (dt'/dt)(d/dt')[\gamma(x' + vt')] = (u'_x+v)/(1+u'_x\beta/c)$ となって，(9.17) と同じになる．また $u_y = dy/dt = (dt'/dt)(dy'/dt') = [\sqrt{1-\beta^2}/(1+u'_x\beta/c)]u'_y$, 同様に $u_z = [\sqrt{1-\beta^2}/(1+u'_x\beta/c)]u'_z$. これらを t で微分して，加速度は $\alpha_x = (dt'/dt)(du_x/dt') = [(\sqrt{1-\beta^2})/(1+u'_x\beta/c)]^3\alpha'_x$, $\alpha_y = (1-\beta^2)[\alpha'_y - (u'_y\beta/c)\alpha'_x]/(1+u'_x\beta/c)^3$, α'_z はこれで $y \to z$ として得られる．

9.5 式 (9.21) により，$t = \tau(1-0.99^2)^{-1/2} = 7.1\tau$ となる．

9.6 $\lambda = 8000$Å, $\lambda' = 5000$Å として，$\nu'/\nu = \lambda/\lambda' \sim 8/5$. したがって $(1+\beta)/(1-\beta) = (8/5)^2$ を解いて，$\beta = 0.44$. これは $v = 10^8$ m/s という途方もない速度だ．

9.7 問題 9.3 を参照せよ．それと同じ．

9.8 K′ 系では，母親が運動する．しかし太郎にとって自分が目的地に到着する時間は変わる．それは $t = T/2$, $x' = 0$ とローレンツ変換 (9.8) から，$t' = (T/2)\sqrt{1-\beta^2}$ だ．帰って来るときは $x = 0$, $t = T$ に対応するから，$x' = -vT/\sqrt{1-\beta^2}, t' = T/\sqrt{1-\beta^2}$ となる．これを使って固有時を計算すれば，母親は $\int_0^{T/\sqrt{1-\beta^2}} \sqrt{1-v^2/c^2}dt' = T$. 次に太郎は，K′ 系から見ると K 系は $-v$ で動き，太郎は t'_1 以後はやはり K 系で見て $-v$ で運動するから，K′ 系から見ると太郎の速度は $-v$ と $-v$ を合成して $v' = -2v/(1+\beta^2)$ で運動する．したがってその固有時は $\int_0^{(T/2)\sqrt{1-\beta^2}} dt' + \int_{(T/2)\sqrt{1-\beta^2}}^{T/\sqrt{1-\beta^2}} \sqrt{1-[2\beta/(1+\beta^2)]^2}dt' = T\sqrt{1-\beta^2}$ となって，本文と一致する．太郎の後半の速度に注意しないと間違える．

9.9 次郎は $20 + (4.4/0.99) \times 2 = 28.9$ 歳．太郎は $20 + (4.4\times 2)/0.99\sqrt{1-0.99^2} = 21.3$ 歳．

9.10 天体の系での時間を t, 速度を v とし，搭乗者の時間を t', 到着までの時間を T' とすれば，問題 9.4 より $v' = 0$ として，$dt' = \sqrt{1-v^2/c^2}dt$, 加速度は $\dot{v} = (1-v^2/c^2)^{3/2}\alpha$ と変換されるから，$dt = dv/\dot{v} = dv/\alpha(1-v^2/c^2)^{3/2}$ となる．したがって，$T' = \int dt' = \int dv/[\alpha(1-v^2/c^2)] = (c/2\alpha)\ln[(1+v_1/c)/(1-v_1/c)]$ となる．ただし v_1 は到着時のロケットの速度．また $L = \int vdt = (c^2/\alpha)[1/\sqrt{1-v_1^2/c^2} - 1]$ だから，これから v_1 を解いて代入すれば，$T' = (c/2\alpha)\ln(\alpha L + c^2 + \sqrt{\alpha^2 L^2 + 2c^2\alpha L})/(\alpha L + c^2 - \sqrt{\alpha^2 L^2 + 2c^2\alpha L})$ を得る．

9.11 問題 9.4 の逆変換より，$1-\beta'^2 = (1-\beta^2)[1-(u_x^2+u_y^2+u_z^2)/c^2]/[(1-u_x\beta/c)^2]$ となり，$1/\sqrt{1-\beta'^2} = (1-u_x\beta/c)/\sqrt{(1-\beta^2)[1-(u/c)^2]}$ を得る．f_i には速度と同じ変換則を使えば，$F'_x = f'_x/\sqrt{1-\beta'^2} = \{(1-u_x\beta/c)/\sqrt{(1-\beta^2)[1-(u/c)^2]}\}[f_x - (\beta/c)\boldsymbol{f}\cdot\boldsymbol{u}]/(1-u_x\beta/c) = \gamma[F_x - \beta F_0]$, $F'_y = f'_y/\sqrt{1-\beta'^2} = \{(1-u_x\beta/c)/\sqrt{(1-\beta^2)[1-(u/c)^2]}\}(\sqrt{1-\beta^2}f_y)/(1-u_x\beta/c) = F_y$, z 成分は y 成分と同様となり確かに 4 元ベクトルになる（F_0

は式 (9.65) がローレンツ・スカラーになるよう定義したから，ローレンツ・ベクトルの 0 成分になっているはずなので，調べなくてもよい）.

9.12 $m_0 c^2$ の次元は kg·m^2/s^2 で，これは J と同じ．1g の物質は $0.001 \times (3 \times 10^8)^2 = 9 \times 10^{13}$ J $\sim 2 \times 10^{13}$ cal のエネルギーをもつので，$2 \times 10^{13}/100 \times 10^6 = 200000$ トンの水を 100°C にできる．

付録 A

A.1 (a) $\boldsymbol{A}_1$: (I)$\int_0^1 axy|_{y=x}\mathrm{d}x = \int_0^1 ax^2 \mathrm{d}x = a/3$. (II)$\int_0^1 axy|_{y=x^2}\mathrm{d}x = a/4$. $\boldsymbol{A}_2$: (I)$\int_0^1 2xy|_{y=x}\mathrm{d}x + \int_0^1 x^2|_{x=y}\mathrm{d}y = \int_0^1 2x^2 \mathrm{d}x + \int_0^1 y^2 \mathrm{d}y = 1$. (II)$\int_0^1 2xy|_{y=x^2}\mathrm{d}x + \int_0^1 x^2|_{x^2=y}\mathrm{d}y = 1$.
(b) $\int_0^T \boldsymbol{A} \cdot \mathrm{d}\boldsymbol{x} = \int_0^T g(t)h(t)(\mathrm{d}f/\mathrm{d}t)\mathrm{d}t + \int_0^T h(t)f(t)(\mathrm{d}g/\mathrm{d}t)\mathrm{d}t + \int_0^T f(t)g(t)(\mathrm{d}h/\mathrm{d}t)\mathrm{d}t = \int_0^T (\mathrm{d}/\mathrm{d}t)(fgh)\mathrm{d}t = fgh|_0^T = 0$. これは $\nabla \times \boldsymbol{A} = 0$ であることと一致しており，$\boldsymbol{A}$ が関数 xyz のグラディエントになっているため．

A.2 $\boldsymbol{A}_1$: $\int_0^1 \mathrm{d}y \int_0^{1-y} \mathrm{d}z (-y) + \int_0^1 \mathrm{d}z \int_0^{1-z} \mathrm{d}x \, x = 0$. $\boldsymbol{A}_2$: $\int_0^1 \mathrm{d}y \int_0^{1-y} \mathrm{d}z \, x(y,z) + \int_0^1 \mathrm{d}z \int_0^{1-z} \mathrm{d}x \, y(x,z) + \int_0^1 \mathrm{d}x \int_0^{1-x} \mathrm{d}y \, z(x,y) = \int_0^1 \mathrm{d}y \int_0^{1-y} \mathrm{d}z (1-y-z) \times 3 = 1/2$.

A.3 $\nabla \cdot \boldsymbol{E} = 3f + rf'(r)$ （問題 1.16 参照）．したがって $\int \boldsymbol{\nabla} \cdot \boldsymbol{E} \mathrm{d}V = \int_0^R [3f(r) + rf'(r)] \, 4\pi r^2 \mathrm{d}r = 4\pi \int_0^R [r^3 f(r)]' \mathrm{d}r = 4\pi R^3 f(R)$. 一方 $\int \boldsymbol{E} \cdot \boldsymbol{n} \mathrm{d}S = \int Rf(R) \mathrm{d}S = 4\pi R^3 f(R)$ となって一致する．

A.4 $\nabla \cdot \boldsymbol{E} = 0$. したがって体積積分は 0. また $\boldsymbol{E} \cdot \boldsymbol{n} = 0$ なので，表面積分も 0. これは $\boldsymbol{E}$ が渦のようになっているため．

参 考 書

[1] まずいろいろな日常の話題に即して力学を説明し，本書で扱えなかった解析力学にも触れているものとして，バージャー–オルソン著（戸田盛和，田上由紀子訳）「力学」（培風館，1973 年）をあげておこう．第 1 章で触れたステヴィンの平行四辺形の法則は 16 世紀に出版された，シモン・ステヴィン著「つり合いの原理」にあるらしいが，私は見たことはない．江沢洋著「物理は自由だ 1 力学」（日本評論社，2004 年）に書かれている．これはとてもおもしろい本だ．

[2] さらに進んだものは，ゴールドスタイン著（野間進，瀬川富士訳）「古典力学」（吉岡書店，1959 年）というのがわりと有名なようだが，ちょっと古い気もする．

[3] 力学一般，解析力学に関しては，ランダウ–リフシッツ著（広重徹，水戸巌訳）「力学」（東京図書，1973 年）は名著である．

[4] 電磁気学の教科書としては，砂川重信著「電磁気学（物理テキストシリーズ）」（岩波書店，1987 年），または，

[5] ファインマン著（宮島竜興訳）「電磁気学」（岩波書店，1971 年）を勧める．

[6] さらに電磁気学を勉強したい人のために，アメリカの大学院用教科書，ジャクソン著（西田稔，寺下陽一訳）「電磁気学」（紀伊国屋書店，1973 年）

[7] パノフスキー–フィリップス著（林忠四郎，天野恒雄訳）「電磁気学」（吉岡書店，1982 年）がある．ただしこれらはかなり程度が高い．

[8] 特殊相対論に関しては，砂川重信著「物理入門 下 相対論・量子力学」（岩波書店，1981 年）は本書も参考にさせていただいた．これは現在「相対性理論の考え方（物理の考え方 5）」として岩波書店から出ている（1993 年）．

[9] パウリ著（内山龍雄訳）「相対性理論」（講談社，1973 年）もある．相対論の専門家が訳したので，原著よりよいという評判だ．

[10] 一般相対論は，内山龍雄著「相対性理論入門」（岩波新書，1978 年）はたいへん読みやすく，かつ，よい本だ．

[11] また，より専門的なものは，S. Weinberg 著 "Gravitation and Cosmology" (John Wiley & Sons, 1972) がよい．残念ながら，これは邦訳はない．

[12] ランダウ–リフシッツ著（広重徹，恒藤敏彦訳）「場の古典論」（東京図書，1973 年）はとっつきは悪いが，名著である．

索　引

あ　行

アインシュタインの規約	168
アインシュタインの質量公式	175
圧縮性流体	140
圧力	139
アトウッドの装置	136
アルキメデスの原理	141
位置エネルギー	46
位置ベクトル	6
一般解	22, 30
一般相対性原理	176
一般相対性理論	155, 177
一般相対論	155, 177
渦糸	152
渦管	152
渦線	152
渦度	151
宇宙論	163
うなり	61
浦島太郎のパラドックス	166
運動エネルギー	38
運動の第1法則	17
運動の第2法則	18
運動の第3法則	20
運動の法則	18
運動方程式	18
運動量	35
MKSA単位系	21
オイラーの運動方程式	131
オイラーの公式	23, 54
オイラーのこま	131
オイラーの章動	133
大潮	81

か　行

カーナビ	177
回転	14, 185
外力	85
ガウスの定理	183
角運動量	37
角速度	111
角速度ベクトル	74
過減衰	56
加速度	10
可動域	46, 48
可動区間	46
壁を濡らさない	142
壁を濡らす	142
ガリレイの相対性原理	72
慣性	17
慣性系	18
慣性質量	18, 20
慣性主軸	130
慣性乗積	127
慣性楕円体	129
慣性抵抗	27, 149
慣性テンソル	127
慣性の法則	17
慣性モーメント	111
慣性力	72
完全流体	140
基準座標	60
基準振動	60
基本音	67
基本振動	67
球座標	11
共振	58
強制振動	57
共変的	172
共変ベクトル	168

共鳴	58	ジュール	40
極座標	5, 11	主慣性モーメント	130
グラディエント	13	縮約	168
クロネッカーのデルタ	7	循環	150
ゲージ変換	171	衝撃の中心	125
撃力	36	衝撃波	28, 66
ケプラーの第1法則	100	衝突パラメータ	103
ケプラーの第2法則	94	初期条件	24, 30
ケプラーの第3法則	100	垂直抗力	49
原子核	102	スカラー	4
減衰振動	56	スカラー積	7
向心力	32	ストークスの定理	185
光速度不変の原理	157	ストークスの法則	26, 149
剛体	2, 109	静止エネルギー	173
勾配	13	静止摩擦係数	50
小潮	81	静止流体	139
固定端条件	67	積分	12
固有時	166	赤方偏移	163
固有振動	67	接触角	142
固有振動数	58	接線応力	148
コリオリの力	74	絶対空間	155
		摂動論	79
さ 行		線形微分方程式	23, 54
		線積分	39, 186
座標系	5	全微分	42, 181
座標変換	71	相対座標	88
作用反作用の法則	20	相対性原理	157
三体問題	93	速度	9
散乱断面積	103	速度交換	196
次元解析	148	速度ベクトル	10
4元ベクトル	161, 168	束縛力	28
仕事	38		
仕事率	40	た 行	
実験室系	104		
実体振り子	115	ダークエネルギー	164
質点	1	ダークマター	18
質点系	1	第1宇宙速度	52
質量中心	92	第2宇宙速度	52
斜交座標系	5	対称こま	131
重心	86, 92	体積弾性率	66
重心系	104	多体問題	93
重心座標	86	単振動	31, 53
終速度	26	弾性衝突	88
自由端条件	68	力のモーメント	37
自由度	109	チャンドラー周期	133
重力質量	20	中心力	46

超弦理論	178	ばね定数	53
潮汐現象	79	場の強さ	171
潮汐力	80	反発係数	88
調和振動	31, 53	反変ベクトル	168
直衝突	107	万有引力	46
定滑車	116	非圧縮性流体	140
定常波	67	非弾性衝突	88
定常流	145	ビッグバン模型	164
テイラー展開	42	非定常流	145
ディリクレ境界条件	67	微分	9
テンソル	168, 171	微分断面積	103
等価原理	19, 176	微分方程式	19, 21
等価単振り子の長さ	116	表面張力	142
同時刻	157, 161	フーコー振り子	76
等ポテンシャル面	45	双子のパラドックス	166
動摩擦係数	50	フックの法則	53, 69
特殊相対性理論	155, 175	振り子の等時性	31
特殊相対論	155, 175	平行軸の定理	112
時計の遅れ	162	平行四辺形の法則	4
特解	22, 57	ベクトル	2, 4
ドップラー効果	162	ベクトル積	8
トリチェリの真空	147	ベルヌーイの定理	146
		変数分離型	21
な 行		ベンチュリー管	148
		偏微分	13, 181
内力	85	方向余弦	128
ナブラ	13, 182	放物運動	23
2次曲線	98	ボーリングの球	119
二体問題	91	保存力	40
2倍音	67	ポテンシャル	41
2倍振動	67	ポテンシャルエネルギー	41
ニュートン	21		
粘性	140	**ま 行**	
粘性係数	148		
粘性抵抗	25, 148	マグヌス効果	147
粘性流体	140	摩擦力	49
ノイマン境界条件	68	ミリカンの油滴実験	150
		面積速度	94
は 行		面積分	183, 186
		毛細管現象	143
場	45		
パスカルの原理	140	**や 行**	
発散	13, 184		
ハッブルの法則	164	やじろべえ	120
波動方程式	63	ヤング率	65
跳ね返り係数	88	有効ポテンシャル	98

ヨーヨー	121	流量	145
横ドップラー効果	163	臨界減衰	57
		輪環の順	8
ら　行		レイノルズ数	149
		連成振動	59
ラザフォード散乱	101	連続の式	146
ラザフォードの原子模型	102	ローテーション	14, 185
ラザフォードの公式	104	ローレンツ群	159
乱流	149	ローレンツ・ゲージ	167
力学的エネルギー	46	ローレンツ・スカラー	161
力学的エネルギー保存則	46	ローレンツ短縮	161
力積	36	ローレンツ変換	159
立体角	103		
流管	145	**わ　行**	
流線	145		
流体	139	ワット	40

著者の略歴

1977年 東京大学理学部物理学科卒業．1982年 同大学理学系大学院博士課程修了，理学博士．1982年 日本学術振興会奨励研究員（東京大学理学部）．1983年 イタリア INFN 研究員（ローマ），大阪大学教養部助手．1988年 同大学講師．1990年 同大学助教授．1993-1994年 NORDITA Visiting Professor．1994年 大阪大学理学部助教授．2006年 近畿大学理工学部教授．現在に至る．
主な著書：「超弦理論・ブレイン・M 理論」（シュプリンガージャパン，2002年），「超対称性理論」（サイエンス社，2006年）．

パリティ物理教科書シリーズ
基 礎 物 理 学

平成 23 年 5 月 30 日　発　行

著作者　　太　田　信　義

発行者　　吉　田　明　彦

発行所　　丸善出版株式会社
〒140-0002 東京都品川区東品川四丁目13番14号
編集・電話 (03) 6367-6033／FAX (03) 6367-6156
営業・電話 (03) 6367-6038／FAX (03) 6367-6158
http://pub.maruzen.co.jp/

© Nobuyoshi Ohta, 2011

組版印刷・製本／三美印刷株式会社

ISBN 978-4-621-08403-8 C 3342　　　Printed in Japan

JCOPY 〈（社）出版者著作権管理機構 委託出版物〉

本書の無断複写は著作権法上での例外を除き禁じられています．複写される場合は，そのつど事前に，（社）出版者著作権管理機構（電話 03-3513-6969, FAX 03-3513-6979, e-mail: info@jcopy.or.jp）の許諾を得てください．